EVOLUTIONNISME ET LINGUISTIQUE

PATRICK TORT

EVOLUTIONNISME

ET

LINGUISTIQUE

suivi de

AUGUST SCHLEICHER

LA THEORIE DE DARWIN ET LA SCIENCE DU LANGAGE

DE L'IMPORTANCE DU LANGAGE POUR L'HISTOIRE NATURELLE
DE L'HOMME

édition réalisée
avec le concours de
Denise Modigliani

PARIS
LIBRAIRIE PHILOSOPHIQUE J VRIN
6, PLACE DE LA SORBONNE, Vᵉ

1980

© *Librairie Philosophique J. VRIN*, 1980

EVOLUTIONNISME ET LINGUISTIQUE :

L'Histoire naturelle des langues

> « La théorie de Darwin est ainsi,
> non pas une manifestation acciden-
> telle, non pas le produit d'une tête
> fantasque, mais la fille légitime de
> notre siècle : la théorie de Darwin est
> une nécessité. »
>
> August SCHLEICHER, *La
> Théorie de Darwin et la
> science du langage*, 1863.

Il y aurait une sorte de nécessité aujourd'hui à s'interroger avec plus de rigueur qu'on ne l'a fait sur cet auteur « fécond, imposant et lourdement systématique »[1] qu'était Schleicher. Le fait que pour leur plus grande part, les rapides commentaires dont ses théories ont pu faire l'objet en France s'attachent principalement à ne retenir, d'une manière très distanciée, que leur caractère d'excessive systéma-tisation — et ce en dehors de tout essai d'interprétation historique de ce phénomène — indique assez clairement que Schleicher n'a pas été lu[2].

Reste donc, maintenant, à lire Schleicher en échappant aussi bien au piège des jugements récurrents qu'à la méconnaissance des facteurs épistémologiques, philosophiques et historiques ayant réellement pro-duit ce qui, d'une systématisation à usage scientifique, peut être pensé, aujourd'hui, comme l'*excès*.

Placer Schleicher, comme on le fait toujours, dans l'orbite théori-que des travaux de Darwin et des naturalistes darwiniens anglais ou allemands, de même que le situer, simultanément, dans la sphère d'influence philosophique de Hegel, ne suffit pas à résoudre le problème que nous voudrions aborder ici.

Tout indique, en effet, d'une manière suffisamment claire et expresse, le *hégélo-darwinisme* de Schleicher. Mais *la combinaison du darwinisme et du hégélianisme sur le terrain des théories du langage en général* est un phénomène qui est resté jusqu'ici non théorisé, car sa phase de préparation historique est demeurée quasiment inconnue. Cette phase préparatoire est constituée par les premiers établissements, vers la fin de la période classique, de *l'évolutionnisme en anthropologie*. Il existe en effet un *évolutionnisme des Lumières*, dont nous avons tenté ailleurs d'exposer la dynamique et de comprendre l'incidence logique dans le champ de l'anthropologie chrétienne et, plus particu-lièrement, dans le domaine des théories du langage et de l'écriture produites à la fin du XVII° siècle et au XVIII° siècle en Europe[3]. Ce qu'il importe ici de reprendre à ce sujet se résume essentiellement en deux points : 1. La démarche logique qui constituera l'axe de *toute* théorie de l'évolution, dans quelque région du savoir qu'elle s'énonce, est présente avec une force et une vie qui sont loin d'être négligeables au XVIIIe siècle, et d'une façon singulièrement sensible dans la *grammatologie diachronique* d'un Warburton, ainsi que dans la théorie de l'évolution culturelle qui lui est connexe. 2. Le *comparatisme linguistique*, dont les historiens de la réflexion sur les langues ont fait la marque distinctive du XIXe siècle, commence en fait un siècle auparavant à s'organiser en méthode d'investigation dans le cadre plus vaste d'une recherche anthropologique comparative vivifiée par le sursaut défensif d'un dogmatisme chrétien qui se trouvait alors menacé dans sa prégnance intellectuelle par l'irruption et le progrès de plus en plus évident de l'athéisme et du matérialisme philosophiques.

Ceci servirait à faire connaître, si l'on pouvait véritablement en douter, que les faits de *comparaison* et l'idée même d'*évolution* ordonnés à une visée systématisante n'ont pas été les fruits d'une génération spontanée. Mais avant d'en venir là, s'impose premièrement l'examen de ce qu'est exactement la *systématicité* des thèses de Schleicher sur la vie des organismes linguistiques.

LA LINGUISTIQUE VERS LA BIOLOGIE : LA SYSTÉMATISATION SCHLEICHERIENNE

Schleicher aimait et cultivait les fougères. Et sans doute faut-il voir, dans le fait que *Die Darwinsche Theorie und die Sprachwissenschaft* commence par l'évocation de ce goût pour l'horticulture, autre chose qu'une boutade ajustée à la personnalité scientifique de Haeckel [4] : lorsque Schleicher choisit ainsi de se décrire d'emblée comme un intervenant qualifié dans le champ de l'expérimentation botanique, et qu'il se déclare passionné pour la production de ces artefacts naturels issus d'un long processus sélectif, il ne fait rien d'autre que renouveler, à quatre ans d'écart, et au sein d'une référence insistante, le même geste d'exposition qu'avait effectué Darwin en privilégiant, au début de son livre [5], l'observation des variations parmi les espèces domestiquées. Les thèmes majeurs du darwinisme — *combat pour l'existence, variabilité des espèces, hérédité, sélection* — sont abordés par le linguiste allemand d'une façon quasi immédiate, à partir de la pratique quotidienne d'une horticulture savante, c'est-à-dire sélectionnante. Le *combat pour l'existence* y est déjà, plus qu'une simple donnée de l'état de nature, un *instrument naturel* au service de la technique du jardinage savant. « Le jardinage, écrit Schleicher, offre en effet mainte occasion d'observer le « combat pour l'existence », que l'on décide habituellement en faveur des privilégiés qu'on a choisis, — opération qui, en langage vulgaire, s'appelle sarcler. » Cette opération, Darwin l'avait évoquée au début de *L'Origine des espèces*, après avoir rappelé les améliorations manifestes obtenues en vingt ou trente ans à partir d'une espèce de fleur [6].

On ne saurait méconnaître l'importance épistémologique d'une telle démarche. Le mécanisme de la sélection naturelle n'est jamais aussi sensible que lorsqu'il est mis en évidence par une expérimentation, lorsqu'il est produit comme artefact, c'est-à-dire comme sélection artificielle. L'évolutionnisme biologique darwinien est d'emblée rattaché à une modification intentionnelle des conditions de développement des organismes naturels, et ne saurait se dissocier d'une technologie de la transformation dérivée de la méthode expérimentale, elle-même au départ sélectionnante, comme l'est le choix sélectif d'une fougère particulièrement susceptible de variabilité, ou celui d'un type, végétal ou animal, particulièrement affectionné. Ceci demanderait, sans doute, à être resitué dans une *histoire*. Mais il importe préalablement d'élucider avec précision la question des rapports exacts entre Darwin et Schleicher.

De fait, le rapport de coïncidence théorique avec Darwin semble remonter, pour ce qui est seulement de Schleicher, à l'époque même de la parution de *l'Origine des espèces* — dont les thèses, il faut s'en souvenir, avaient déjà connu, sous une forme condensée, une publicité restreinte dans le monde savant dès 1844, ou même 1842. Schleicher déclare en effet avoir exposé des idées analogues à celles de Darwin dès 1860 à propos des organismes linguistiques (*combat pour l'existence, disparition des anciennes formes, extension et différenciation d'une seule espèce*) dans son ouvrage sur la langue allemande [7]. La convergence sur ces points avec les thèses darwiniennes y est en effet hautement sensible.

« Au cours d'une aussi longue succession de millénaires, les établissements originels purent être considérablement déplacés et bouleversés, car les langues ne sont nullement des plantes fixées à vie à l'endroit où elles ont poussé, mais au contraire ont pour support les peuples, lesquels ont le pouvoir de changer souvent, sur de très grandes échelles, leur résidence et leur langue même. Puisque nous voyons encore à des époques plus tardives, et jusqu'à cette heure même, des langues disparaître et des frontières linguistiques se déplacer, il nous faudra donc naturellement supposer, dans une période antérieure, lorsque chaque langue ne fut plus parlée que par un nombre relativement insuffisant d'individus, des disparitions de langues et des bouleversements d'emplacements géolinguistiques originels encore plus nombreux. De là prirent naissance les multiples bizarreries qu'il nous est aujourd'hui donné de constater dans la distribution des langues sur la surface de la terre, et plus particulièrement en Asie et en Europe [...].

« Au cours des millénaires, beaucoup de ces langues primitives, et peut-être la plupart d'entre elles, disparurent ; d'autres, de ce fait, étendirent de plus en plus leur domaine, et la répartition géographique des langues en fut à tel point bouleversée que l'on peut à peine désormais retrouver des restes de l'ordonnance de leur répartition originelle.

« Tandis que les langues survivantes, du fait de la plus grande extension du peuple qui les parlait, se divisaient de plus en plus en membres distincts (langues, dialectes, etc.), des langues primitives, originairement indépendantes les unes des autres, s'éteignaient en nombre toujours plus grand ; et ce processus rapide et irrésistible de réduction numérique des langues se poursuit encore dans les temps modernes (qu'on songe à l'Amérique). Bornons-nous à constater cet état de fait, et laissons à la philosophie le soin de l'expliquer à partir de la nature de l'homme. » [8] (Nous traduisons.)

Il est clair, pour qui lira cinq ans plus tard *La Théorie de Darwin et la science du langage* et l'autre opuscule qui lui fait suite (*De l'importance du langage pour l'histoire naturelle de l'homme*), que Schleicher n'en restera pas là, sur le plan de la référence à la biologie comme sur celui de l'allusion philosophique. Ce qui apparaît même avec une relative évidence, c'est que la coïncidence théorique expresse avec le darwinisme s'accompagne d'un commencement de prise de parole philosophique qui sera plus réel qu'on ne pourrait le croire à une première lecture, et qui de toute façon marque une nette rupture avec cet effacement discret devant le discours explicatif de la philosophie, dont témoignaient ces quelques lignes extraites de la *deutsche Sprache*. Nous y reviendrons. On ne peut ici, pour l'instant, que confirmer l'assertion de Schleicher quant au rapport que ce texte de 1860, où par ailleurs se formule l'essentiel de ce qui sera la problématique majeure de la dialectologie indo-européenne — et de la dialectologie en général : la question de la mouvance historique et de la relative indécidabilité des frontières dialectales — entretient avec la démarche générale de la théorie darwinienne.

Cinq ans plus tard, il est devenu possible de tracer avec netteté le tableau où apparaît la concordance des énoncés de Schleicher et de Darwin autour des axes principaux de la théorie évolutionniste. Ces concordances se relèvent essentiellement au niveau de ce qui est dit de part et d'autre des divers phénomènes de développement, d'extinction et de survivance des organismes naturels et des langues, que Schleicher entreprend de rapporter au modèle biologique à travers la théorie de l'évolution par sélection naturelle. Ceci suppose par conséquent de sa part deux propositions dont l'une est évidemment le fondement même de la possibilité de l'autre : 1. *Les langues sont des organismes naturels.* 2. *Leur évolution est régie par la loi de transformation des organismes naturels déduite de l'observation et de l'expérimentation darwiniennes et contenue dans le principe de la sélection, du combat pour l'existence et de la survivance des plus aptes.*

Quant au premier point, il nous intéresse hautement ici, car il peut conduire à l'interprétation historique d'un complexe de discours linguistiques qui se clôt, d'une certaine manière, avec la systématisation schleicherienne et permet d'en rendre raison sur un plan généalogique. Schleicher s'en explique lui-même en renvoyant à l'ascendance de ses propres concepts :

« En effet des idées semblables à celles que Darwin exprime au sujet des êtres vivants, sont assez généralement admises pour ce qui concerne les organismes linguistiques... » [9]

L'allusion est brève, mais chargée d'histoire. Elle renvoie par exemple à Humboldt, dont le mémoire intitulé *La Recherche linguistique comparative dans son rapport aux différentes phases du développement du langage* [10], en même temps qu'il établissait en quelque sorte les bases du comparatisme linguistique moderne, inscrivait fortement, avec un pouvoir d'explication de la diversité des langues du monde, la notion d'une *maturation des idiomes* inséparable de celle d'un *inégal développement* entre les organismes linguistiques, et de celle d'*âge adulte* pour les langues.

Humboldt est ainsi l'un des premiers linguistes (si l'on fait provisoirement abstraction de certains théoriciens pré-comparativistes du XVIIIᵉ siècle) à déduire aussi nettement de la perspective organiciste une *hiérarchisation* des langues selon leur degré de maturité :

« C'est pourquoi seules les recherches que les langues adultes permettent de mener à bien se révèlent adéquates aux exigences ultimes de l'humanité. »

Ce qui détermine, sur le plan anthropologique, une attitude sans équivoque :

« Ainsi renvoyés du côté des langues adultes, la première question qui se pose à nous est de savoir si chaque langue est grosse d'un potentiel culturel égal, ou du moins important ; ou bien s'il existe *des formes dont seule une destruction totale pourrait faire accéder les nations qui les possèdent aux plus hautes fins que l'humanité soit capable d'atteindre par la puissance du discours.* C'est cette dernière hypothèse qui est la plus vraisemblable. » [11]

Cette hypothèse, qui allait devenir pour plus d'un siècle l'argument d'une linguistique coloniale peu soucieuse du respect des langues vernaculaires, est en parfait accord, quarante ans auparavant, avec ce que sera, appliquée aux « organismes linguistiques », la thèse darwinienne du dépérissement et de l'extinction nécessaires des anciennes formes ou des formes « moins perfectionnées », et, corrélativement, avec la pratique sélectionnante de l'expérimentation botanique (qu'on interroge ici chez Schleicher l'évocation du sarclage — « jäten » —) et zoologique.

Dans un esprit analogue, les travaux de Friedrich von Schlegel sur la langue indienne, consécutifs à la découverte du sanscrit, tendaient à définir l'identité de la famille des langues indo-européennes par la reconnaissance entre celles-ci d'un même *type* linguistique (flexionnel) et à promouvoir ce type à un rang de précellence par rapport à d'autres types idiomatiques relevant d'un niveau inférieur de développement. Les métaphores biologiques s'y enchevêtrent dans la remontée vers la souche originelle [12]. Le thème de *l'avantage naturel* des langues flexionnelles et celui, articulé aux confins de la biologie et de la morale, de la *dégénérescence*, y rendent particulièrement sensible la référence aux sciences de la vie :

« Que les langues dans lesquelles domine le système de flexion aient généralement l'avantage sur les autres, il suffit pour l'accorder d'avoir mûrement examiné la question ; mais il faut songer aussi que la plus belle langue n'est pas exempte de dégénérer. Nous l'éprouvons, au reste, assez sensiblement nous-mêmes dans notre langue allemande, langue naturellement noble, et qui perd une partie de sa dignité dans les dialectes négligés et chez nos mauvais écrivains. » [13]

Le rapport qui unit, sur ce point précis et important de la typologie et de la prééminence linguistique du type flexionnel, Schleicher et Friedrich von Schlegel, est effectivement bien antérieur à la publication de *L'Origine des espèces*. Dix ans avant la parution quasi simultanée de la traduction allemande de l'ouvrage de Darwin et de la *deutsche Sprache*, Schleicher avait déjà intégré la démarche évolutionniste, les classifications de l'histoire naturelle et le schéma hégélien du mouvement dialectique dans *Die Sprache Europas in systematischer Uebersicht* [14]. Ceci passait d'ailleurs par le relais de l'autre Schlegel, Wilhelm, qui avait développé et consolidé les intuitions de ses prédécesseurs en établissant la typologie tripartite qui sera à peu près celle de Schleicher, distinguant les langues qui ne possèdent « aucune structure grammaticale, celles qui emploient des affixes, et les langues à inflexions » [15].

En fait, si l'on veut rendre compte de l'évolution historique de la théorie des types, la progression est assez aisée à suivre : chez Friedrich von Schlegel, la division des langues du monde est une division en *deux classes*, reposant sur la différence du mode d'expression, entre ces langues, des *idées accessoires*.

« Les idées accessoires qui servent à déterminer la signification d'un mot peuvent être exprimées de deux manières : on peut les exprimer : 1° par des flexions, c'est-à-dire par des altérations intérieures du son radical ; 2° par l'addition d'un mot propre qui énonçait déjà auparavant et par lui-même la multitude, le temps passé, une nécessité future, ou telle autre relation du même genre. La distinction de ces deux cas très simples sert à diviser toutes les langues en deux classes. Toutes les autres distinctions ne sont, à les examiner de près, que des modifications et des subdivisions de ces deux classes générales. » [16]

Pour F. von Schlegel, les langues qui ne traduisent les relations que par adjonction d'affixes ne sauraient échapper à la confusion qui résulte d'une surcharge inévitable des formes. Deux registres métaphoriques s'opposent alors pour caractériser la différence entre les langues à affixes et les langues à flexions : les premières ne sont que le produit d'une « agrégation mécanique », d'un « assemblage d'atomes », en lui-même incapable de développement. Les secondes paraissent au contraire renfermer le « germe de vie et de développement » qui manquait aux premières pour s'élever à la condition d'organismes. Des unes aux autres, on passe, sans stade intermédiaire, d'une constitution physique à une constitution biologique. La référence au chinois, dépourvu de flexion, vient souligner encore, d'une façon très conforme d'ailleurs à ce qu'était l'ethnocentrisme linguistique et grammatologique européen du siècle précédent — où l'incommodité de l'écriture chinoise, comme ce fut le cas pour la plupart des missionnaires chrétiens, était expliquée en définitive par « le peu de génie inventif de cette nation » —, l'avantage combinatoire et significatif que les langues de la souche indo-européenne tirent de leur constitution flexionnelle. Ce statut particulier du chinois sera du reste ré-évoqué par *Wilhelm* von Schlegel et rapporté par lui à la catégorie — qu'il ajoutera aux deux divisions établies par son frère — des langues *sans aucune structure grammaticale*. Curieusement, c'est à cette catégorie de langues que Wilhelm applique, presque dans les mêmes termes, les caractérisations négatives qui affectaient, chez Friedrich, les langues à structure purement affixale :

« Les langues de la première classe [*sans aucune structure grammaticale*, P.T.] n'ont qu'une seule espèce de mots, incapables de recevoir aucun développement ni aucune modification. On pourrait dire que tous les mots y sont des racines, mais des racines stériles qui ne produisent ni plantes ni arbres. Il n'y a dans ces langues ni déclinaisons, ni conjugaisons, ni mots dérivés, ni mots composés autrement que par simple juxtaposition, et toute la syntaxe consiste à placer les éléments inflexibles du langage les uns à côté des autres. De telles langues doivent présenter de grands obstacles au développement des facultés intellectuelles ; leur donner une culture littéraire ou scientifique quelconque, semble être un tour de force ; et si la langue chinoise présente ce phénomène, peut-être n'a-t-il pu être réalisé qu'à l'aide d'une écriture syllabique très artificiellement compliquée, et qui supplée en quelque façon à la pauvreté primitive du langage. » [17]

Tout ceci est en connexion étroite avec le XVIII° siècle et prouve que l'évolutionnisme dans les théories du langage et de l'écriture, qui fit l'objet d'une première systématisation chez Warburton au début des années 1740 [18], précède de très loin, comme portion déterminante de l'évolutionnisme anthropologique, l'apparition de la théorie biologique de l'évolution elle-même. L'évocation de la Chine ne peut ici que renvoyer, dans le contexte savant de l'époque, aux innombrables travaux des sinologues européens du siècle précédent, et principalement des missionnaires, dont on sait quelles conclusions ils tiraient de la comparaison des langues et des écritures. L'idée de *l'évolution bloquée* de la langue et de l'écriture chinoises date de cette époque, et la question sous-jacente à toute considération de la culture chinoise est bien, de ce fait, celle qui consiste à demander comment celle-ci a pu se maintenir en dépit du fardeau que constituait pour elle le caractère pesant et peu dynamique de ses systèmes signifiants. Il n'y a pas loin, de là, à penser, avec Humboldt, qu'une destruction totale de ces systèmes permettrait de réaliser au mieux les plus hautes fins culturelles de l'humanité. De fait, si un mouvement est tout de même discerné entre les formes de l'écriture chinoise au cours des siècles, ce n'est qu'un mouvement lent de dé-figuration relative des « idéogrammes », inapte de toute façon à produire le saut qualitatif, le changement de nature bénéfique qui conduirait à l'expression phonético-alphabétique.

C'est chez l'abbé De Guignes que l'on trouvera, en 1758 et 1759, les premiers éléments d'une *comparaison* systématique des éléments de l'écriture chinoise avec ceux des autres langues orientales [19], et que l'on pourra vérifier que l'évolutionnisme est effectivement, dans les domaines anthropologique et linguistique, le *corrélat idéologique de tout comparatisme* — par où s'explique qu'il a précédé historiquement l'évolutionnisme des sciences de la nature. Toutefois, si De Guignes déclare se rallier à la théorie de l'évolution des formes d'écriture qui se trouve développée chez Warburton, c'est souvent contre son gré, et sa démarche, profondément contradictoire, se présente à l'analyse comme une tentative d'intégration d'une logique d'évolution, préalablement retraduite, à l'intérieur d'un cadre d'hypothèses entièrement diffusionnistes — les Chinois sont une *colonie égyptienne* — répondant à l'exigence dogmatique du christianisme. L'échec de cette intégration, et le blocage polémique qui s'ensuivit [20], renforçaient donc la logique évolutionniste et l'ironie des philosophes contre l'histoire chrétienne, tout en laissant par ailleurs subsister l'inquiétude spiritualiste : il ne restait donc plus que l'attente d'une synthèse opérante qui pût concilier dynamiquement les deux logiques (évolutionniste, à implications matérialistes, et chrétienne, à implications diffusionnistes) dont l'opposition semblait devoir favoriser à la longue une observation scientifique et des inductions historiques délivrées des liens de la théologie. On admettra ici, à charge d'en produire plus loin la démonstration, que cette synthèse se réalise avec Hegel. Tout le hégélianisme n'est-il pas en effet l'acte philosophique par lequel l'esprit réintègre l'évolution et la gouverne, sauvant ainsi la conscience et l'histoire du matérialisme lié à l'appréhension univoque des conséquences logico-philosophiques de l'évolutionnisme culturel généralisé du XVIIIe siècle ? Cette hypothèse devra trouver ici sa vérification dans la confrontation finale de l'évolutionnisme linguistique, de l'évolutionnisme biologique et de la philosophie qui les environne. Mais il faut auparavant revenir à ce qui constitue selon nous la préhistoire et l'histoire de la systématisation schleicherienne.

COMPARAISON, TYPOLOGIE, HIÉRARCHIE

Il faudrait revenir ici aux origines de la grammaire comparée, c'est-à-dire à la découverte — plurielle, comme on sait — du *sanscrit*. Mais ceci ne ferait en réalité que renvoyer à une époque encore antérieure au cours de laquelle, comme on vient très succinctement de le montrer, un comparatisme — grammatologique, linguistique et anthropologique en général — moins rigoureux, mais à orientations déjà systématiques, s'était constitué, et structuré suivant l'opposition de thèses chrétiennes — alors prépondérantes — et de thèses laïques.

Le trait épistémologique dominant de ce comparatisme est à ce moment-là que *toute parenté typologique soupçonnée entre des systèmes d'écriture ou de langue se trouve immédiatement interprétée comme indice de parenté génétique* ; le parti-pris diffusionniste qui sous-tend cette interprétation étant lui-même, comme on l'a dit, à mettre en relation avec la crise intellectuelle du discours théologien devant l'émergence de la relative autonomie heuristique de l'évolutionnisme culturel.

Compte tenu de ce fait important, on ne saurait alors négliger l'incidence philosophique de la découverte du sanscrit, qui est double :
— le sanscrit apparaît conmme le vestige irrécusable d'une parenté originelle entre les langues qui seront groupées dans la famille indo-européenne et, pour ce qui est de la logique des discours qui le rattachent à ces langues modernes, sa mise en lumière à l'origine ne rompt pas avec la démarche généalogique du diffusionnisme chrétien.
— Dans le même temps, il instaure une nette coupure avec une langue comme l'*hébreu*, qui ne peut plus dès lors continuer sérieusement à apparaître comme langue-mère universelle, ni même comme aïeule des grandes langues de culture du bassin de la Méditerranée.

Le christianisme se voit ainsi ébranlé dans l'un de ses dogmes par une logique qu'il a lui-même, jusqu'alors, utilisée et promue. Et c'est par un renversement qui consistera en une acceptation, au niveau de la totalité des langues du monde saisies dans leur histoire, d'un *principe général d'évolution et d'inégal développement des idiomes*, que le *spiritualisme* des *théories du progrès des langues vers l'accomplissement* ou la *perfection* (Humboldt) viendra relayer le christianisme, avant de laisser place à la spéculation *monistique* hégélo-darwinienne de Schleicher. On peut apercevoir là en raccourci le schéma d'ensemble qui organise les rapports de l'idéologique et du linguistique dans leur évolution pendant plus d'un siècle d'histoire, et qu'il sera nécessaire par ailleurs de rattacher au mouvement parallèle de l'ethnologie, de l'anthropologie physique et des spéculations raciologiques.

Mais nous chercherons d'abord à donner une idée plus nette des grandes étapes de l'évolution de la *typologie linguistique* elle-même.

« L'ancienne langue de l'Inde, écrit en 1808 Friedrich von Schlegel, appelée par les habitants *sanskrito*, c'est-à-dire la langue polie ou parfaite, et qu'on appelle aussi *gronthon*, ce qui signifie la langue des écrits ou des livres, offre la plus parfaite affinité avec les langues romaine et grecque, aussi bien qu'avec les langues germanique et persane. La ressemblance se trouve non seulement dans un grand nombre de racines communes, mais encore elle s'étend jusqu'à la structure intérieure de ces langues, et jusqu'à la grammaire. Ce n'est donc point ici une conformité accidentelle, qui puisse s'expliquer par un mélange ; c'est une conformité essentielle, fondamentale, qui décèle une origine commune.

« De la comparaison de ces langues résulte, en outre, que la langue indienne est la plus ancienne, que les autres sont plus modernes et dérivées de la première. » [21]

C'est de ces données (existence du sanscrit, portant inscrit dans son nom même la mention de sa précellence, parenté typologique avec les langues européennes et persane, induction généalogique) que découle la première classification schlégélienne des langues en deux classes (langues à affixes et langues à flexions), où s'appréhende déjà clairement, comme nous l'avons montré plus haut, la supériorité des idiomes flexionnels.

En 1820, Humboldt produit son premier essai de théorisation de la démarche comparative dans la science du langage. Là encore, il est question, d'emblée, de l'évolution des langues et des interactions des organismes linguistiques au sein d'un vaste mouvement historique de croisements, de brassages d'influences périphériques, de dégénérescences et de consolidations. Dès ce moment, tout semble assez nettement connoter, au travers d'un réseau de métaphores caractéristiques, un fort rapprochement avec les sciences de la nature, et quelque chose comme le passage du versant dynamique du lamarckisme à un dépassement dont l'intuition est déjà darwinienne :

« Ces brassages qui mêlent les idiomes divers constituent l'une des étapes importantes de la genèse des langues ; soit que la langue en train de s'inventer reçoive des apports plus ou moins importants, et doive *tirer parti de ces mélanges,* soit que, comme on peut le voir dans le cas de langues adultes qui *s'abâtardissent et dégénèrent,* on ait affaire, en dehors d'apports étrangers appréciables, à une simple interruption du développement régulier, telle que la forme instituée, étant désormais oblitérée et défigurée, se trouve *remodelée et exploitée selon d'autres lois.* » [22]

Dans un tel contexte théorique, qui emprunte constamment ses principaux éléments notionnels aux sciences de la vie, et où s'opère, non encore la mise en place d'un système de concepts exportés, mais bien déjà l'*acclimatation* d'un réseau de métaphores éclairantes, ce qui sera quarante ans plus tard le darwinisme n'aura aucune peine à pénétrer comme principe d'ordre et de systématisation.

Sur la question de l'origine des langues, Humboldt s'en tient à une position de prudence qui ménage sans l'imposer l'hypothèse de l'unité généalogique :

« Qu'il y ait des langues qui puissent naître indépendamment les unes des autres, c'est ce dont le principe est peu contestable. En revanche, il n'y a pas non plus de raison impérative de rejeter l'hypothèse d'un réseau universel auquel elles appartiendraient toutes. » [23]

En fait, cette attitude mesurée de Humboldt — qui souligne plutôt l'importance constitutive des phénomènes de mouvement et de mélange

— au sujet de l'existence ou de la non-existence d'un ordre de parenté génétique entre les langues, n'a pas été vraiment dépassée, et se retrouvera à peu près la même chez Sapir en 1933 [24], et quelque dix ans plus tard chez Hjelmslev [25]. Elle doit s'interpréter, en l'occurrence, comme un recouvrement partiel d'oppositions antérieures (évolution séparée des langues et des cultures / diffusionnisme chrétien dogmatique) dans une perspective évolutionniste mixte favorisant la considération historique des croisements et des interactions.

Par ailleurs, c'est un schéma *ternaire* qui organise chez Humboldt la représentation de l'évolution interne des langues, laquelle prend en compte l'influence transformatrice des facteurs externes :

« Il y a donc trois phases à distinguer, pour fonder une analyse valide des langues :
— une phase initiale qui voit s'instaurer, sous une forme déjà complète, leur construction organique ;
— leurs transformations dues aux apports étrangers et leur consolidation progressive jusqu'à un état d'équilibre ;
— leur élaboration interne, une fois scellés définitivement leurs traits distinctifs (face à d'autres langues) et fixé de façon désormais immuable l'ensemble de leur construction. » [26]

On pouvait dès lors s'attendre à ce que la classification typologique s'harmonisât avec cette tripartition des phases évolutives de l'organisme linguistique.

La première classification humboldtienne des langues se trouve dans le mémoire consacré à la recherche linguistique comparative. Elle est déjà ternaire, à la différence de celle de F. von Schlegel qui ne comportait que deux classes, mais la troisième catégorie d'organismes linguistiques, qui est évidemment la plus parfaite, n'y est en fait qu'une fiction engendrée par la logique transformiste de Humboldt, une catégorie extrapolée. Le stade originaire de la constitution linguistique se caractérise par l'accumulation d'un grand nombre de déterminations dans le même groupe syllabique, comme une juxtaposition ou un alignement d'éléments dotés de signification intrinsèque, ce qui sera ensuite identifié sous le concept d'*agglutination*. C'est le lieu d'une « déficience évidente du pouvoir exercé par la forme », cette dernière devant être soit « sous-entendue par la pensée », soit « donnée par un terme doté d'une signification intrinsèque et qui continue à assumer cette fonction, autrement dit un terme pourvu d'un substrat matériel ».

Le deuxième niveau, « où la signification brute s'efface devant l'usage formel », se définit par l'emploi de la *flexion* grammaticale, et marque un état de développement plus élevé de la constitution organique des langues, mais qui cependant n'accomplit qu'imparfaitement le projet hégémonique de la *forme* que seul un troisième état, non encore actualisé dans des systèmes linguistiques connus, pourra réaliser :

« Mais tant qu'elle ne présente qu'un caractère de circonstance, lié à la tournure actuelle du discours, la forme est assignée de façon toute matérielle, si l'on peut dire, et non appelée formellement par l'enchaînement des idées. Ainsi, le pluriel est bien pensé sous le signe de la multiplicité, mais le singulier exprime moins l'unicité que le concept dénoté, sans plus ; le verbe et le nom se mettent à coïncider dès qu'il n'y a plus de personne ou de temps à exprimer : la grammaire ne rayonne pas encore à l'intérieur de la langue, elle n'intervient qu'à la demande. Ce n'est qu'après réduction des éléments rebelles à la forme, et lorsque le substrat matériel, en tant que tel, a été surmonté au sein du discours, qu'on accède au troisième niveau, qui supposerait que la forme soit distinctement perceptible en chaque élément constituant, niveau dont, pour cette raison, les langues, même les plus évoluées, ne font qu'approcher, bien qu'il s'agisse là de la condition préalable à ce que la construction de la période soit portée à son plein épanouissement rythmique. Pour ma part, je ne connais pas de langue dont les formes grammaticales, si haut qu'elles soient parvenues, ne portent encore les traces indiscutables de l'agglutination syllabique originaire. » [27]

La classification, loin d'être, à ce stade, une simple mise en ordre des types observables, dépasse ici les limites objectives de la description linguistique effective vers un horizon de perfectibilité du type flexionnel. On y remarque l'absence du type *isolant*. Une classification plus réelle sera fournie par Humboldt dans l'*Introduction à l'œuvre sur le kavi*, où l'on trouvera enfin en toutes lettres la répartition en trois types — *isolant*, *agglutinant* et *flexionnel* — qui semble du reste n'être pas à l'origine l'invention de Humboldt lui-même, puisqu'il en parle comme une habitude classificatoire déjà ancienne :

« Les vertus plus ou moins agissantes ou retardatrices, ici à l'œuvre au sein des langues, sont celles qu'on a coutume de rassembler sous les rubriques : séparation des termes, flexion et agglutination. Elles constituent en quelque sorte l'axe autour duquel tourne la question de la perfection de l'organisme linguistique. » [28]

Cette classification remonte en fait, sous une forme très empirique et peu conceptualisée, à des descriptions effectuées au siècle précédent, et en particulier par ceux des théoriciens qui avaient été conduits à comparer la structure du chinois avec celle des autres langues orientales ainsi qu'avec celle des langues classiques. On peut donc déterminer chez Humboldt, à travers l'existence de ces deux classifications, un double point de vue d'enquête sur les langues, d'ailleurs formulé dès 1820 :

« — la recherche portant sur l'organisme des langues ;
« — la recherche portant sur les langues parvenues au stade où s'épanouissent leurs élaborations ultérieures. » [29]

Cet épanouissement reste propre aux langues flexionnelles. Le processus *flectionnel* (Beugung) ou *flection*, pour reprendre la distinction que P. Caussat utilise dans sa traduction [30], se trouve du côté de la vie de l'organisme en devenir, et s'oppose, dans la continuité de l'intuition schlégélienne, à l'organisation purement *mécanique* des langues édifiées selon le principe de l'accumulation affixale :

« Le mot fléchi par induction [31] *a la même unité que les différentes parties d'une fleur au cours de sa floraison : l'opération linguistique est, elle aussi, de nature purement* organique. Si forte que soit l'adhérence visible du pronom à la personne du verbe, il ne lui a pas été, dans les langues vraiment flexionnelles, simplement *accolé*. C'est que le verbe n'y était pas pensé comme une substance à part, mais toujours sous les traits d'une forme dotée d'individualité, suivie en cela par l'unité et l'indivisibilité de l'élément phonétique proféré par les lèvres. L'inépuisable spontanéité de la langue *projette les suffixes hors de la racine* dans un élan qui dure aussi longtemps, et s'étend aussi loin, *que les potentialités créatrices de la langue la sous-tendent.* » [32]

La métaphore botanique et florale rejoint ici, comme un commencement de réponse, la question inaugurale que formulait Humboldt dans *La recherche linguistique comparative*, « la question de savoir si, et dans quelles conditions, les langues peuvent être, en fonction de leur structuration interne, subdivisées en classes, comme les familles de plantes. » [33]

Une sorte de rencontre anticipée avec ce que seront les grands thèmes évolutionnistes s'effectue alors dans la classification humboldtienne. Les langues à flexion sont les plus florissantes, parce qu'elles contiennent en elles-mêmes le principe de la variation. Elles représentent le point *culminant actuel* de l'évolution des langues, possèdent un horizon de perfectibilité correspondant à un plus haut investissement de l'esprit dans la forme de l'organisme linguistique, et jouissent d'un privilège hiérarchique par rapport aux langues qui attestent un plus faible degré de développement.

> « Car, entre les langues prétendument agglutinantes et les langues à flection, la différence n'est pas *d'espèce* — comme elle l'est pour les langues qui répugnent absolument à opérer l'assignation par la mobilité flectionnelle — mais seulement de *degré* : selon qu'elles peinent plus ou moins à converger vers une direction qui est le but de leur obscure tendance. » [34]

Humboldt se heurte ici au fixisme d'une classification et à une conception encore stationnaire de l'*espèce* qui empêchaient que les données de l'histoire naturelle pussent alors servir, comme elles le pourront plus tard pour Schleicher, de guides précis ou de modèle formel à l'expression systématique de son intuition évolutionniste, ce qui explique que la métaphore biologique (celle notamment de la *maturité*) ne renvoie le plus souvent chez lui qu'aux différents états de la croissance de l'organisme individuel. Schleicher, lui, étendra aux espèces le principe de l'évolution, à la suite immédiate de Darwin :

> « Darwin et ses prédécesseurs ont maintenant fait un pas de plus que les autres zoologistes et botanistes : non seulement les individus vivent, mais aussi les espèces et les races ; elles aussi sont devenues insensiblement, elles aussi sont soumises à des tranformations continuelles d'après des lois déterminées. » [35]

Toutefois, le passage à la systématisation schleicherienne, permis après 1860 par la reconnaissance scientifique du darwinisme, aura été considérablement préparé sur le terrain de la théorie linguistique par le grand projet et le ferme pressentiment de Humboldt.

LA BIOLOGIE VERS LA LINGUISTIQUE

S'il est apparu jusqu'ici qu'un mouvement de plus en plus prononcé portait la réflexion linguistique, tout au long du XIXe siècle, à préciser sa référence aux sciences de la nature, c'est, sans nul doute, qu'elle y cherchait, hors de son champ, des analogies capables de fonder, du côté de la science, une légitimité que sa propre démarche et son propre appareil notionnel ne pouvaient encore produire. Si toute l'histoire et tout le discours de la linguistique comparative sont aussi nettement marqués par ce phénomène, cela ne saurait être imputé à une quelconque inexpérience historique des procédures comparatives dans le domaine des théories linguistiques et anthropologiques en général. La mutation qui s'opère là n'est pas de l'ordre d'un changement radical de perspective, mais doit être pensée comme le passage problématique d'une tendance comparatiste de l'histoire conjecturale du XVIIIᵉ siècle, fondée sur un large substrat de théologie dogmatique et sur la recherche de l'origine, à une histoire transformée par la découverte de l'existence objective du sanscrit *comme origine*. Dans un premier temps, l'origine cesse d'être l'objet lointain et voilé de la spéculation historienne, pour brusquement devenir le *donné* à partir duquel s'élabore une méthode de réorganisation et de classement dans la connaissance des langues et de leurs transformations. Par suite, l'induction vers l'indo-européen, qui est l'ouverture naturelle, vers l'origine, de la science nouvelle qui se construit alors, n'apparaîtra pas comme une fiction d'origine, mais comme une *reconstitution* à partir de lois de formation objectivement déduites de phénomènes observés. L'embarras épistémologique de la linguistique comparative procède ainsi du fait qu'elle ne pouvait d'un seul coup créer l'appareil conceptuel qui lui aurait permis de répondre à la fois à la nécessité d'un étiquetage rigoureux des catégories de langues par référence au sanscrit, et à celle d'un modèle permettant de penser une transformation des idiomes mise en évidence par l'observation des degrés de différenciation constatables entre les langues dérivées de la souche indo-européenne. La linguistique comparative conduit par exemple à l'étude des dialectes, qui révèle précisément l'impossibilité, du fait de la mobilité des populations, des phénomènes de stratification et des interférences, d'un étiquetage fixe, rigoureux et permanent des aires dialectales, et accentue en revanche les faits de transformation, d'interpénétration, de développement, de dépérissement ou d'extinction des idiomes, les rattachant ainsi à leur support humain, et favorisant de ce fait leur identification au travers de métaphores de plus en plus clairement organicistes.

Mais les classifications de l'histoire naturelle ne pouvaient évidemment alors devenir l'instrument de théorisation souhaité par les linguistes. Si le fixisme de l'*espèce* avait pu être quelque peu ébranlé par Lamarck, le recouvrement polémique de ses thèses à l'intérieur comme à l'extérieur du milieu des naturalistes en 1830 explique en partie que son influence n'ait pas été à cet égard aussi décisive qu'elle l'aurait pu. Aussi faudra-t-il attendre la relève darwinienne pour que la linguistique historique et comparative puisse sceller dans une adhésion complète à une discipline biologique restructurée l'isomorphisme depuis longtemps pressenti entre ces deux dynamiques de recherche, entre ces deux champs d'intuitions parallèles.

Ce n'est qu'alors que s'atteint véritablement ce que nous appelions la *systématisation schleicherienne*. La référence aux sciences de la vie n'y est plus seulement rhétorique, elle est applicative, identifiante, et opère simultanément la double reconnaissance théorique que nous évoquions plus haut : — les langues *sont* des organismes naturels [36] ; — en tant que telles, elles sont régies dans leur devenir par la loi d'*évolution* des organismes vivants, la *sélection naturelle*.

La synthèse, l'unification des deux champs s'opèrent ainsi par subsomption de la recherche linguistique à l'intérieur du domaine d'étude des sciences de la nature parvenues au stade où leur armature conceptuelle permet de penser la plasticité de leurs objets en regard des phénomènes de mouvance, de croisement et de transformation.

La correspondance des thèmes abordés par Schleicher avec leur corrélat darwinien est alors exhibée à tous les niveaux de la description des faits observables dans le domaine linguistique. Il s'agit d'abord, bien sûr, des notions qui s'apparentent aux concepts-force du darwinisme : combat pour l'existence, hérédité, variation sous l'influence de la domestication (observée par Schleicher en horticulture), grande extension possible d'une seule espèce dans des conditions favorables (faisant écho à l'application darwinienne du principe malthusien d'accroissement géométrique), disparition des anciennes formes, différenciation, évolution des espèces, ramifications généalogiques, divergence des caractères, naissance de formes nouvelles au sein de formes antérieures, hiérarchie des organisations, dépérissement, disparition de formes intermédiaires, extinction, survivance des organismes les plus élevés, etc.

Ceci suffirait certes à provoquer l'impression d'une systématisation pesante, renforcée encore par la forte adhésion méthodologique qui se dégage de l'ensemble : importance fondamentale de l'observation, soumission aux données objectives, discipline de la connaissance sûre débarrassée, précisément, de toute prévention systématisante. Mais le rapport de Schleicher à Darwin est encore plus étroit lorsqu'on le considère sous l'angle de l'ajustement de la théorie à son objet. La correspondance qu'il établit entre les membres des schèmes généalogiques de l'une et l'autre sciences est, d'un côté comme de l'autre, reliée aux mêmes apories. A la notion de *classe* employée par les naturalistes, Schleicher fait correspondre celle de *souche de langues*. Aux *classes plus rapprochées* il associe les *familles de langues* d'une même souche. Les *espèces* se retrouvent dans les *langues*, les *sous-espèces* dans les *dialectes*, les *variétés* dans les *sous-dialectes*, les simples *individus* enfin dans ce que l'on appellerait aujourd'hui les *idiolectes*. Mais le principal problème théorique et pratique de la dialectologie, celui de la pertinence de l'assignation de telles catégories aux diverses formations linguistiques, en tant qu'elle institue des discriminations souvent inobservables entre les objets étudiés, ce problème de délimitation trouve aussi son exact reflet dans l'exposé que fait Darwin de cette sorte de crise caractéristique de la connaissance en histoire naturelle, qui naît essentiellement de l'aspect nécessairement figé de toute classification reposant sur des divisions stationnaires :

« ... dans le domaine des langues nous ne pouvons pas établir dans notre esprit des différences sûres et solides entre les expressions qui désignent les divers degrés de la différence, c'est-à-dire entre les mots de langue, dialecte, sous-dialecte. Les différences qui sont désignées par ces mots se sont formées peu à peu et rentrent les unes dans les autres ; de plus, dans chaque groupe de langues, ces différences sont d'une nature particulière et conformes au génie spécial de ces langues. Ainsi, par exemple, les langues sémitiques sont entre elles dans de tout autres rapports de parenté que les langues indo-germaniques, et les rapports de parenté de ces deux groupes diffèrent encore d'une manière tout à fait essentielle de ceux qui se rencontrent dans les langues finnoises (finnois, lapon, magyar, etc.). On comprend ainsi qu'un linguiste n'ait jamais encore été en état de donner une définition satisfaisante de la langue en tant qu'opposée au dialecte, et ainsi de suite. Ce que nous appelons une langue, d'autres l'appellent un dialecte, et réciproquement. Le domaine si bien exploré des langues indo-germaniques justifie cette assertion. Ainsi, il y a des linguistes qui parlent de dialectes slaves, d'autres de langues slaves ; on a quelquefois de même appelé du nom de dialectes les différentes langues qui forment la famille allemande. Or, il en est absolument de même des notions correspondantes : espèce, sous-espèce, variété. Darwin dit [...] :

« Une ligne de démarcation déterminée n'a pas pu jusqu'ici être tirée sûrement, ni entre les espèces et les sous-espèces, c'est-à-dire ces formes qui, d'après quelques naturalistes, atteignent presque, mais non tout à fait, le rang d'espèces, ni entre les sous-espèces et les variétés caractérisées, ni enfin entre les variétés moindres et les différences individuelles. Toutes ces différences, arrangées en série, entrent insensiblement les unes dans les autres, et la série éveille l'idée d'une continuelle et véritable transition. » [37]

En vertu d'une aussi complète similitude — qui se révèle non seulement sur le versant opératoire des concepts, mais aussi sur leur versant problématique, manifesté par les hésitations classificatoires —, c'est une pure et simple convertibilité que Schleicher installe entre les divisions des objets linguistiques et celles des objets naturels :

« Nous n'avons qu'à changer, dit-il, les mots d'espèce, de sous-espèce et de variété contre les mots usités en linguistique de langue, de dialecte et de sous-dialecte, et les paroles de Darwin s'appliqueront parfaitement aux différences linguistiques à l'intérieur d'un groupe pareil à celui dont nous venons de représenter par un tableau le développement insensible. » [38]

Ceci ne fait donc que confirmer l'intuition déjà ancienne d'un parallélisme des deux appareils classificatoires. Mais pour que les termes s'en pussent ainsi échanger, il fallait que de part et d'autre surgît la même problématique, ou plus exactement, il fallait que du côté de l'histoire naturelle la classification en vînt, sans pour cela cesser d'être reconnue comme une nécessité formelle, au point d'être radicalement suspectée quant à son adéquation, d'être relativisée de fond en comble par la perspective d'évolution : « Finalement, écrit Darwin, les divers groupes d'espèces qu'on réunit sous les noms d'ordres, sous-ordres, familles, sous-familles et genres, sont jusqu'à présent, *quant à leur valeur comparative, des plus arbitraires...* » [39] C'est là précisément que Darwin en arrive à une considération éclairante de ce qui, chez les naturalistes, relèverait selon lui d'un inconscient du théorique investi dans l'activité classificatoire :

« Toutes les règles qui précèdent, ainsi que les difficultés de la classification, s'expliquent, si je ne me trompe, d'après l'idée que le système naturel est fondé sur la descendance avec modification ; — que les caractères regardés par les naturalistes comme indiquant les vraies affinités de deux ou plusieurs espèces entre elles sont ceux qui ont été hérités d'un parent commun, *toute vraie classification étant généalogique* ; — que la communauté de descendance est le lien caché que les naturalistes ont, *sans en avoir conscience*, toujours recherché, et non quelque plan inconnu de création, ou une énonciation de propositions générales, ou le simple fait de réunir ou de séparer des objets plus ou moins semblables. » [40]

Sans en avoir conscience : ce rapport d'inscience à une part de ce qui est fait dans la science, qui alors était en mesure d'en fournir l'explication ? Quelques années plus tard, sans doute, Marx. Mais pour lors, personne, ou peut-être seulement, comme on le verra plus loin, Schleicher. Car cette *conscience* même dont parle Darwin comme présence reconnue et acceptée d'une visée généalogique au sein de l'activité comparative, une telle conscience n'avait pas manqué de la même manière aux linguistes. En témoigne mieux que tout l'allusion, brève mais révélatrice, de Darwin à ce modèle de « difficulté de classification » que l'on rencontre, précisément, dans les langues.

« Pour mieux faire comprendre cet exposé de la classification, voyons ce qui se passe dans le cas des langues. Si nous possédions une histoire parfaite de l'humanité, un arrangement généalogique des races humaines donnerait la meilleure classification des diverses langues parlées actuellement dans le monde entier, et serait la seule possible si tous les langages éteints et tous les dialectes intermédiaires et graduellement changeants devaient y être introduits. Cependant il se pourrait que quelques anciennes langues s'étant fort peu altérées n'eussent donné naissance qu'à un petit nombre de langages nouveaux ; tandis que d'autres, par suite de l'extension, de l'isolement, ou de l'état de civilisation de différentes races codescendantes, auraient pu se modifier considérablement et produire ainsi un grand nombre de nouvelles langues ou dialectes. Les divers degrés de différences entre les langues d'une même souche seraient donc exprimés par les groupes subordonnés ; mais leur seul arrangement convenable ou même possible serait encore l'ordre généalogique. Ce serait en même temps l'ordre naturel, car il rapprocherait entre elles, suivant leurs affinités les plus étroites, toutes les langues éteintes et vivantes, en indiquant la filiation et l'origine de chacune. » [41]

Avec Darwin, c'est l'histoire naturelle qui rejoint l'intuition des linguistes, et non l'inverse [42].

Ce mouvement en retour, qui est celui de la référence des sciences de la nature à l'étude des langues, est également révélateur d'une volonté d'extension du champ heuristique de l'évolutionnisme, dans un contexte qu'il faut bien identifier comme celui des polémiques suscitées contre lui par le conservatisme religieux. C'est ainsi qu'à la même époque, un appui significatif sera recherché du côté des travaux linguistiques par le géologue anglais Charles Lyell. L'ouvrage de Lyell, *L'Ancienneté de l'homme prouvée par la géologie et remarques sur les théories relatives à l'origine des espèces par variation* [43], qui est un texte de ralliement au darwinisme, comporte un chapitre entier consacré à la « Comparaison de l'origine et du développement des langues et des espèces » [44]. Dans ce chapitre, Lyell commence par soumettre à examen les thèses des philologues allemands concernant l'existence supposée, à une époque très ancienne, d'une langue-mère « aryenne ». Reprenant notamment l'argumentation de Max Müller [45] en faveur de l'existence passée d'une telle langue, qui aurait été la mère du latin, du grec, du sanscrit, du zend, du lituanien, du slave ancien, du gotique et de l'arménien, tout comme le latin est la source des six langues romanes, Lyell fait mention d'une objection de Crawfurd [46] consistant à relever une contradiction entre cette hypothèse et le fait que tous les peuples censés avoir emprunté des mots et des formes grammaticales à cette langue supposée n'ont subi depuis les débuts de la période historique aucune altération appréciable de leurs traits ethniques et culturels originaires. Lyell trouvera chez Crawfurd lui-même la réponse à cette objection : l'existence, au Nord-Ouest de l'Inde, d'une ancienne nation peu nombreuse, mais virulente, ayant subjugué par ses conquêtes une grande partie de l'Asie occidentale et de l'Europe orientale. La discussion avec Crawfurd est alors rapidement close par une réponse où apparaît déjà, sur un fond d'argumentation mutationniste, l'opération de concepts dont l'usage se généralisera en dialectologie : superstrat, emprunt, langue dominante, langue dominée, etc.

« Ces conquérants peuvent n'avoir été qu'en petit nombre en comparaison des populations qu'ils subjuguaient. En pareil cas les nouveaux venus, tout en se comptant par milliers, ont dû, en quelques siècles, se fondre dans les millions de sujets sur lesquels ils régnaient. C'est un fait reconnu que la couleur et les traits de l'Européen et du Nègre disparaissent entièrement à la quatrième génération, pourvu qu'on ne fasse intervenir aucun mélange nouveau du sang de l'une ou de l'autre des deux races. Les traits physiques distinctifs des conquérants aryens ont donc dû bientôt s'effacer et se perdre dans ceux des nations soumises ; néanmoins un grand nombre de mots et, ce qui est plus remarquable, certaines formes grammaticales de leur langage, ont pu être adoptées par les populations qu'ils avaient gouvernées pendant des siècles, sans qu'elles perdissent pour cela les traits distinctifs qu'avait leur race bien avant les invasions aryennes. »

Ce qui peut en être déduit, c'est que les langues connaissent des changements beaucoup plus rapides que les races, ce qui était une évidence de simple observation. Or pour ce qui est des *espèces* nouvelles, elles sont encore incomparablement plus longues à former que les races. Il s'ensuit pour le linguiste un indéniable avantage sur le plan des possibilités d'analyse des phénomènes réels de transformation : « Aucune langue, affirme Lyell, ne paraît jamais avoir duré mille ans, et bien des espèces paraissent s'être perpétuées pendant des centaines de milliers d'années. *Par conséquent, le philologue qui prétend que tous les langages actuels sont dérivés, et non primordiaux, a un grand avantage sur le naturaliste qui prône une théorie semblable au sujet des espèces.* » [47]

Or ce philologue, à ce moment là, c'est Schleicher. Lyell reconnaît implicitement dans ces lignes, à travers cet « avantage », l'*avance* que pouvait avoir sur ce terrain la réflexion linguistique. Mais de même que le pas décisif de la linguistique (d'intuition évolutionniste ancienne) vers l'histoire naturelle n'a été franchi que lorsque les linguistes ont pu reconnaître dans l'histoire naturelle (évolutionniste) une aporie qui les avait eux-mêmes freinés dans leur théorisation, de même l'histoire naturelle parvenue à ce stade ne franchira le pas en direction de la science du langage qui lui est contemporaine (et qui la précède dans l'évolutionnisme) que lorsqu'elle y retrouvera l'illustration de sa propre difficulté à argumenter contre l'immobilisme de la classification et l'objection polémique de l'absence des « degrés intermédiaires ». C'est ainsi que d'une façon particulièrement intéressante, Lyell entre dans une sorte de fiction théorique où il tente d'éclairer « les obstacles qu'ont à surmonter ceux qui se font les apôtres de la transmutation en histoire naturelle » par une simulation des difficultés rencontrées par le philologue essayant de « convaincre une réunion de personnes intelligentes, mais non lettrées, que le langage qu'elles parlent ainsi que tous ceux qu'emploient les nations contemporaines sont des inventions modernes, et, de plus, que ces mêmes formes de langage subissent encore des changements constants et qu'aucune d'entre elles n'est destinée à durer toujours. »[48] Le philologue commencerait par exposer sa théorie de la dérivation graduelle des langues contemporaines à partir de langues à présent disparues, issues elles-mêmes par dérivation d'autres langues à présent disparues, issues elles-mêmes par dérivation d'autres langues encore plus anciennes. La réaction prévue de l'auditoire indiquerait alors une croyance spontanée à la *stabilité linguistique*, traduite dans le même système d'argumentation qui fut opposé à Darwin. A l'intuition immédiate de la stabilité des espèces répond celle de la stabilité des langues, et resurgit alors le vieil attachement dogmatique aux mythes chrétiens, qui préfère penser le changement comme une intervention soudaine destructrice ou créatrice, l'absence de traces des dialectes intermédiaires permettant par ailleurs de mettre radicalement en doute l'hypothèse d'un changement perpétuel. D'autre part, quelle sera, dans le cas d'un procès d'évolution continuel des langues, la pertinence des discriminations effectuées au niveau des classifications entre un *dialecte* et une *langue* ?

« L'auditoire devrait naturellement s'écrier : Qu'il est bien étrange qu'on trouve la trace d'une multitude de langues mortes, et que cette partie de l'économie de l'humanité, qui de notre temps est *d'une aussi remarquable stabilité*, ait été aussi inconstante dans les âges passés. Nous parlons tous comme nos pères, comme nos grands-pères ; autant en font les Allemands, autant en font les Français : quelle est donc la preuve de cette variation aussi incessante aux époques reculées ? Et si ce fait est vrai, pourquoi n'imagine-t-on pas que quand une forme d'élocution a été perdue, il y en ait eu une autre *créée soudainement et d'une façon surnaturelle, en vertu d'un don spécial ou d'une confusion des langages, comme celle qui s'est produite lors de la construction de la tour de Babel ?* Où sont les traces de tous les *dialectes intermédiaires* qui doivent avoir existé, si cette doctrine de fluctuation perpétuelle est vraie ? Et comment se fait-il que les langues parlées à présent ne passent pas par des gradations insensibles soit aux idiomes voisins, soit aux langues mortes de dates immédiatement antérieures ?
Et enfin, si cette théorie de modificabilité indéfinie est fondée, *quelle signification faut-il attacher au terme « langage », et quelle définition peut-on en donner pour le distinguer du « dialecte » ?* »[49]

Dans cette archéologie des formes idéologiques de résistance à l'évolutionnisme, Lyell identifie trois facteurs primordiaux et liés : *l'intuition immédiate de la stabilité* — et comme historien de la terre, Lyell sait bien le poids qu'a pesé, durant des siècles, le sentiment immédiat de son immobilité ; *l'attachement au mythe structural de la Création* et sa prégnance dogmatique ; *le fixisme*, enfin, *des classifications*. Or *cette configuration idéologique est rigoureusement semblable à celle d'où procède l'opposition à l'évolutionnisme dans les sciences de la nature*. De ce fait, que conclure, en ce point de sa démarche, de la tentative de Lyell ? Sans doute n'a-t-il pas entrepris cet examen des difficultés d'exposition et de didactique des thèses évolutionnistes en linguistique pour en démontrer simplement la similarité avec celles que connaissait, au même moment, dans son champ et face à son public, l'histoire naturelle. En est escompté, de toute évidence, non seulement un effet d'éclairement épistémologique, mais encore un ancrage plus fort du côté de l'argumentation démonstrative. En fait, Lyell, à peu près deux ans avant la publication de *Die darwinsche Theorie und die Sprachwissenschaft* en Allemagne, tente de tirer les conséquences de l'*avantage* qu'il a reconnu aux linguistes quant à l'explication des faits d'évolution, et qui tient essentiellement à ce que la diachronie linguistique est plus facilement saisissable pour une conscience historienne que l'immense histoire de la nature.

Sans doute, d'abord, le philologue devra-t-il reconnaître le désaccord qui règne entre les représentants de sa discipline au sujet de ce qui constitue la différence, la démarcation entre une *langue* et un *dialecte*. Mais ceci n'est qu'un problème d'étiquetage, une difficulté de délimitation dont le linguiste peut précisément tirer argument pour conforter l'idée même d'une transmutation continuelle des langues parfaitement susceptible, de ce fait, de n'avoir pas laissé subsister entre elles de démarcation visible. Là-dessus, le philologue, ayant préalablement fait reconnaître l'existence actuelle d'une multitude de langues différentes, n'aura pas de peine à prouver qu'aucune des langues de l'Europe moderne n'a, dans sa forme présente, mille ans d'existence, et que pour parvenir à son état contemporain, chacune a dû passer par un certain nombre de dialectes de transition. Restera alors à recourir à l'histoire ancienne, aux récits de voyages et, bien sûr, à la philologie pour fournir les preuves de l'existence, conservée ou perdue, de tels idiomes. Il pourrait également faire valoir, comme argument en faveur d'une dérivation, l'existence de langues modernes sur le lieu géographique où vécurent de grandes langues éteintes, les exceptions à cette règle pouvant s'expliquer d'ailleurs par la colonisation ou la conquête.

La question de la non-persistance de formes dialectales intermédiaires peut être rationnellement expliquée par la détérioration de leurs supports matériels (manuscrits, monuments divers). La *variabilité* de la langue, enfin, est un fait qui peut être saisi dans la durée d'une seule génération, à l'occasion de phénomènes d'altération accentuelle, phonique, orthographique, ou d'emprunts lexicaux. Cependant, la conscience commune se refuse à admettre cette constante mutabilité de la langue, sensible particulièrement dans les créations lexicales, les différents néologismes, et les parlers spéciaux issus des multiples branches de l'activité sociale. A l'évidence, ce qui retient Lyell dans l'examen de ce phénomène d'accroissement du stock lexical, c'est l'analogie qui le rattache à l'accroissement numérique des individus d'une espèce en histoire naturelle. La *sélection* intervient alors comme un principe d'*économie naturelle*, jetant ici un pont entre le darwinisme et les théories dix-huitiémistes de transformation historique des systèmes symboliques (Warburton) et d'évolution des fonctions sémiotiques (Condillac). Ce qu'elle permet toujours d'éviter, c'est une prolifération excessive, une croissance volumique, une surcharge.

« Les nombreux mots, les expressions, les phrases qui sont ainsi inventés par les hommes de tout âge et de toutes classes dont se compose la société, par les enfants, les écoliers, les militaires, les marins, les jurisconsultes, les hommes de science ou les littérateurs, ne sont pas tous d'égale durée, et il y en a de bien éphémères ; mais si l'on pouvait les recueillir tous et en garder la mémoire, leur nombre en un siècle ou deux, serait comparable à celui que contient le vocabulaire complet et permanent du langage. Aussi, est-ce un assez curieux sujet de recherche que l'étude des lois en vertu desquelles se fait l'invention et même la sélection de certains mots ou de certaines expressions qui prennent cours de préférence à d'autres, car, puisque la mémoire de l'homme n'a qu'une puissance limitée, *il faut aussi qu'il y ait une limite à l'accroissement indéfini du vocabulaire et à la multiplication des termes ; il faut donc qu'il y ait une disparition d'anciens mots à peu près proportionnelle à la mise en circulation des nouveaux.* Parfois le nouveau mot, la nouvelle phrase, la nouvelle modification supplantera entièrement ce qui l'a précédée ; d'autres fois, au contraire, les deux formes fleuriront simultanément, l'usage de la plus ancienne sera simplement plus restreint. » [50]

Or cette sélection, tout comme en histoire naturelle, ne saurait, pour Lyell, opérer aveuglément et au hasard. Elle obéit, comme on l'a vu, à un principe global d'économie, et en même temps à des déterminations sociales, politiques et culturelles dont l'influence combinée fait qu'en diachronie, les transformations linguistiques apparaissent comme la résultante d'une somme de facteurs sélectionnants.

« Les plus légers *avantages* résultant d'une nouvelle prononciation ou d'une nouvelle orthographe, pour cause de brièveté ou d'euphonie, peuvent faire pencher la balance, comme il peut y avoir *d'autres causes plus puissantes de sélection qui décident du triomphe ou de la défaite entre les rivaux :* telles sont : la mode, l'influence d'une aristocratie de naissance ou d'éducation, celle des écrivains populaires, des orateurs et des prédicateurs, telle est encore celle d'un gouvernement centralisateur qui organise des écoles en vue expresse de propager l'uniformité de la diction et d'assurer l'emploi des dialectes provinciaux et locaux les meilleurs. Entre ces dialectes, qu'on peut regarder comme autant de langages naissants, la *concurrence* est toujours d'autant plus vive qu'ils se touchent de plus près, et l'*extinction de l'un d'eux détruit l'un des anneaux par lesquels une langue dominante pouvait autrefois s'être rattachée à quelque autre qui en est fort éloignée. C'est cette disparition perpétuelle des formes intermédiaires de langage* qui produit ces dissemblances considérables entre les idiomes qui survivent. Si le hollandais, par exemple, devenait une langue morte, la lacune entre l'anglais et l'allemand serait bien plus grande. »

Telle est bien la dynamique de l'origine des langues par variations et sélection naturelle. Aucun facteur d'immobilisation, de l'ordre d'une consécration littéraire ou religieuse, d'un état de langue privilégié , ne saurait provoquer de stase véritable dans l'évolution, d'immutabilité durable : la langue des Védas, ni le grec ancien du Nouveau Testament n'ont pu demeurer des idiomes vivants. Conduit à ces constatations, Lyell, qui s'est en chemin confondu avec son philologue, produit la même extrapolation vers l'origine que les théoriciens comparativistes antérieurs — et que Darwin : s'il est vrai que la doctrine de la transmutation graduelle est applicable aux langues, et si l'on remonte vers l'origine de toutes les dérivations successives, on doit y supposer l'existence d'un prototype auquel elles se rattachent, à travers les additions, les modifications et les emprunts qu'elles accusent. La dimension évolutive de la langue est d'ailleurs révélée par les traces persistantes, dans l'écriture, d'appendices orthographiques superflus quant à l'usage moderne de la prononciation [51], indices de fonctions éteintes ; ce qui une nouvelle fois convie à une analogie avec l'histoire naturelle :

« Ces lettres redondantes ou muettes, ayant jadis eu une raison d'être dans la langue-mère, ont été fort judicieusement comparées par M. Darwin à ces organes rudimentaires des êtres actuels, qui, suivant son interprétation, ont eu à une époque antérieure un développement plus complet, et ont dû remplir des fonctions propres dans l'organisation des prototypes. » [52]

En tant que production dérivée, chaque langue doit être le fruit d'une longue élaboration dans un cadre géographique unique. Une transplantation de type colonial produit nécessairement, à moins de relations fréquentes avec le pays d'origine, une modification dont les exemples historiques ne manquent pas. Chaque langue aurait ainsi, comme chaque espèce, son *centre spécifique originel* autour duquel elle grandit, se transforme et meurt, soit, lentement, par l'effet de la transmutation, soit brusquement par l'extermination des ultimes survivants du type primitif inaltéré ; mouvement irréversible comme l'est celui de la vie et de la mort d'une espèce, qui ne saurait revivre après son extinction, « car le même ensemble de conditions ne pourra jamais se reconstituer chez les descendants de la souche primitive ». L'évolution de la langue est identique à celle de l'espèce en ce qu'elle est, comme elle, une combinaison évoluante d'hérédité et d'adaptation :

« On peut comparer la persistance des langages, c'est-à-dire cette tendance qu'a chaque génération à adopter le vocabulaire de celle qui l'a précédée, à cette force d'hérédité du monde organique, en vertu de laquelle les rejetons ressemblent à leurs parents. Le pouvoir d'invention qui forge de nouveaux mots et en modifie d'anciens pour les adapter à de nouveaux besoins et à de nouvelles conditions, aussi souvent qu'il s'en présente, correspond à cette puissance qui crée les variétés dans le monde organique. » [53]

Il y a donc un procès de perfectionnement des langues lié à celui qui est accompli par l'esprit humain à travers les générations. Cette dialectique spiralée de l'adaptation, qui établit un rapport de réciproque amplification entre les opérations de l'esprit et la faculté de langage, existait déjà dans la psycho-sémiologie de Condillac [54], et c'est même au XVIIIe siècle qu'elle manifeste son implantation la plus forte, notamment avec l'abbé Pluche, chez qui elle organise tout le champ de l'anthropologie historique, intégrant en elle les besoins de la communauté humaine et ses productions culturelles [55].

L'évolutionnisme biologique le plus affermi ne fait donc ici que rejoindre, sur le terrain des langues, le plus vieil évolutionnisme culturel, celui-là même dont l'intuition avait pénétré toutes les recherches antérieures de la linguistique comparative.

Il en résulte une théorie du raffinement progressif des significations, qui doit être pensé comme une avancée vers la précision définitionnelle des termes, comme un passage d'unités de sens vague à la spécification des nuances par différenciations synonymiques [56].

Cette marche graduelle vers la complexification de l'organisme linguistique par multiplication des éléments affectés de fonctions précises et spéciales, manifestation d'un processus de perfectionnement, présente une rigoureuse analogie avec le mouvement de perfectionnement des organismes biologiques par multiplication d'organes destinés à remplir des fonctions spéciales originairement indissociées dans l'organisme simple.

Au terme de cette analogie, Lyell effectue une sorte de synthèse des conclusions essentielles auxquelles il est parvenu. Il a été effectivement démontré que toutes les langues actuellement existantes ne sont pas des créations primordiales, ni des dons directs d'une puissance surnaturelle ; que ces langues sont le résultat présent, en partie de modifications de dialectes antérieurs, en partie d'emprunts effectués, à des époques successives, à des sources étrangères, en partie à des innovations délibérées ou accidentelles. La loi du combat pour l'existence s'y manifeste dans la lutte de prépondérance qui a lieu entre des unités lexicales, entre des formes phonétiques et entre des formations dialectales rivales. L'effectivité d'une *sélection* s'y trouve ainsi avérée. Mais, reconnaît alors Lyell, « nous sommes pourtant encore bien loin de comprendre toutes les lois qui ont présidé à la formation des langages. » C'est parvenu au point de cette constatation que le discours de Lyell, revenant aux questions métaphysiques de l'origine et de l'essence, retrouve la vieille difficulté de Herder, relayée par Humboldt :

« William de Humboldt a dit un mot profond : « Non seulement l'Homme « est l'Homme, parce qu'il parle, mais, pour inventer le langage, il a fallu « qu'il fût déjà l'Homme. » D'autres animaux peuvent être capables de proférer des sons plus articulés et aussi variés que les cris des Hottentots, mais jamais la voix ne permettra à l'intelligence de la brute de créer un langage. » [57]

Telle est bien l'ultime aporie du commencement, le *Kreisel* (toupie) de Herder, l'irréductible cercle qui sans cesse reconduit le propre à l'essence, et l'histoire à l'Etre. A travers Lyell méditant sur Humboldt, c'est Herder qui parle dans ces lignes :

« Lorsque nous réfléchissons à la complication des formes de langage employées par les nations civilisées, et lorsque nous venons à découvrir que les règles grammaticales et les inflexions des mots qui correspondent aux nombres, aux temps, aux qualités, sont généralement le produit d'un état social grossier, quand nous réfléchissons que le sauvage et le sage, le paysan et l'homme de lettres, l'enfant et le philosophe, ont travaillé ensemble, pendant le cours de nombreuses générations, à produire un assemblage qu'on a décrit avec raison comme un admirable instrument de la pensée, comme une machine dont les diverses parties sont si bien ajustées et agencées que le tout semble être l'œuvre d'une seule époque et d'un seul esprit, nous ne pouvons nous empêcher de contempler ce résultat comme une *création profondément mystérieuse*, comme un édifice dont les nombreux architectes ont eu aussi *peu conscience* de ce qu'ils faisaient que l'ont les abeilles de l'art architectural et de la science mathématique qui préside à la construction des rayons de leur ruche. » [58]

Cette dimension d'inconscience entre l'homme et l'élaboration historique d'un langage qui participe au plus haut niveau de sa *nature*, évacue l'idée d'une intentionalité humaine gouvernant l'évolution des langues, et permet de réaliser la comparaison avec l'évolution des organismes vivants, lesquels au sein même de la lutte pour l'existence ne sauraient avoir *conscience* de la finalité naturelle de leur combat. Ce que le naturaliste saisit, c'est, à travers l'observation de variations organiques et de leurs conséquences fastes ou néfastes pour la survie de l'espèce observée, le mécanisme à la fois régulateur et évolutif de la sélection. Quelque longs que puissent être le temps d'observation et les périodes sur lesquelles une observation de type paléontologique reste praticable, l'histoire naturelle offre des témoignages de variations et de sélection, mais ne saurait conduire à ce qui, de plus haut, ordonne ces deux mécanismes comme causes *secondaires* du changement continu des formes de la vie organique. L'interrogation de cette loi supérieure de développement reste en suspens comme une question que le naturaliste ne peut encore résoudre. Elle s'aligne sur celle que le philosophe adresse à la nature du principe divin, ou sur celle que le métaphysicien scolastique adressait à la nature du premier moteur. Chez Lyell, comme du reste chez Darwin, l'évolutionnisme se donne lui-même comme inachevé, dans la mesure où variation et sélection naturelle — « les seuls secrets de la nature que nous ayons pénétrés » — sont, certes, des moyens d'explication du devenir biologique saisi dans son mouvement, mais non des principes d'explication génétique de ce mouvement.

> « Quand nous essayons d'expliquer l'origine des espèces, nous nous heurtons presque aussitôt à l'action d'une loi de développement d'un ordre si élevé que, pour l'intelligence finie de l'homme, *elle occupe presque la place de la Divinité elle-même*, d'une loi capable d'ajouter de nouvelles et puissantes causes, telles que les facultés intellectuelles et morales de la race humaine, à un système naturel qui s'était perpétué pendant des milliers d'années sans l'intervention d'aucune cause analogue. Si nous assimilons la « variation », ou la « sélection naturelle », à ces lois créatrices, *nous divinisons des causes secondaires* ou nous exagérons démesurément leur influence. » [59]

L'âge évolutionniste de la science est donc encore loin d'être totalement advenu. Une limite provisoire est atteinte, correspondant à un état des observations et des inductions, mais aucune limitation essentielle, en dehors de la finitude de l'intelligence humaine dont on sait qu'elle n'est le plus souvent qu'un syntagme figé, n'est fixée *a priori* à l'investigation. Le discours scientifique toutefois, en cette stase de sa recherche, retrouve les figures classiques de l'humiliation de la raison devant l'inconnaissable [60] : création mystérieuse, plan indécelable, finitude et grandeur de l'intelligence humaine, divinité enfin. Parvenu à cette expérience d'une paralysie momentanée de ses pouvoirs heuristiques, l'évolutionnisme cherche naturellement à se ressaisir dans le champ philosophique, où il ne peut retrouver qu'une métaphysique. Vertigineuse, car ne connaissant quant à elle aucune stase, l'*évolution* conduit à penser le présent comme un moment du devenir, et intègre dans son indéfinie mouvance l'homme doté de conscience, d'intention, de langage et de science. L'irruption, dans le monde organique, de la conscience et des facultés propres à l'homme est un phénomène inscrit dans le mouvement général de l'évolution, et répond à une loi que l'on nomme comme on nomme Dieu, sans en connaître la nature. C'est encore un effet de cette loi que le progrès des facultés de l'homme et le progrès des sciences qui lui est relié aient permis à l'homme d'identifier les mécanismes auxquels il doit d'être devenu intellectuellement capable, précisément, de cette connaissance. C'est là justement le moment *métaphysique* par excellence : *la conscience d'une limite atteinte dans un présent de la pensée qui est en même temps la pointe extrême de l'humain dans le progrès de sa propre connaissance comme sujet en évolution.*

L'ambiguïté de la science évolutionniste vient alors de ce qu'au point qu'elle a atteint dans la démonstration du mécanisme des phénomènes de changement, elle se trouve à la fois en contradiction avec la dogmatique chrétienne d'une création *ex nihilo*, et dans la plus grande incertitude quant à la forme à donner à une nouvelle philosophie du devenir apte à guider la poursuite de sa propre recherche en ménageant par ailleurs le conservatisme religieux d'où émanait la plus forte résistance à ses thèses. L'évolutionnisme a besoin d'abord de se renforcer sur ses marges, et par conséquent du support des sciences de l'homme. C'est la raison pour laquelle il se tourne vers les études linguistiques, qui elles-mêmes étaient tournées depuis longtemps vers l'ensemble des phénomènes d'évolution culturelle. Alors que le linguiste cherchait dans les sciences de la nature un modèle de rigueur formelle susceptible de régler le système encore hésitant de ses catégories, l'histoire naturelle trouvait dans la linguistique l'exemple précieux d'une science parvenue à des conclusions analogues à propos d'un objet dont les limites chronologiques étaient plus aisément saisissables, et dont l'étude historique pouvait se circonscrire et se pratiquer d'une manière plus aisée. Mais, de part et d'autre, apparaissent, au même stade de recherche, les mêmes *apories actuelles*, et la confirmation recherchée ne se trouve qu'au niveau du constat, ici et là, du même suspens problématique : au-delà de la connaissance des phénomènes, l'inscience des commencements, au-delà de l'identification des mécanismes, celle de l'instance originelle. Telle est alors *l'actuelle limite* du savoir, ce qui n'entraîne nullement que telle soit la limite prospective de la connaissance.

« Si l'on demande au philologue, s'il y eut au commencement une langue, cinq langues ou davantage, il pourra répliquer qu'il ne peut répondre à une pareille question, que lorsqu'on aura décidé si l'origine de l'homme a été unique ou s'il y a eu plusieurs races primordiales. Mais il fera aussi observer que si les commencements de l'humanité se sont passés dans un état social grossier, le vocabulaire entier de ces hommes primitifs a dû être limité à un petit nombre de mots ; si donc ils se sont séparés en plusieurs groupes isolés, chacune de ces associations aura dû bientôt acquérir un langage entièrement distinct ; certaines racines se seront perdues, d'autres corrompues et transformées, sans qu'il fût possible de constater plus tard leur identité ; *on n'a donc aucun espoir sérieux de pouvoir remonter jusqu'au point de départ des langues vivantes et mortes*, même quand il serait d'une date beaucoup plus moderne que nous n'avons maintenant de fortes raisons de le supposer. *Le même raisonnement s'applique aux espèces*, et l'on peut dire que si les premières formées eurent une organisation très simple, que si elles commencèrent à varier en perdant certains organes faute de s'en servir, et en en acquérant d'autres nouveaux grâce à leur développement, elles ont dû bientôt être aussi distinctes les unes des autres que si elles eussent été des types différents de création primordiale. *Ce serait donc perdre son temps que de spéculer sur le nombre des monades ou des germes originaux* dont toutes les plantes et les animaux ne seraient que des développements ultérieurs, d'autant plus que les plus anciennes formations fossilifères qui nous soient connues sont peut-être les dernières d'une longue série de formations antérieures qui ont jadis contenu des restes organiques. Quand les géologues se seront mis d'accord sur l'état du noyau originel de notre planète, quand ils auront décidé si elle fut solide ou fluide, et si elle dut sa fluidité à des causes aqueuses ou ignées, alors, et seulement alors, ils pourront songer à mettre la main à leur dernier chef-d'œuvre, à obtenir leur dernier triomphe. »[61]

La science n'est pas achevée, mais rencontre, en cette stase, la figure majeure de sa déception. *Il n'y aura pas de science des commencements absolus.*

Vers la philosophie

Les années qui suivent immédiatement la parution de *L'Origine des espèces* sont ainsi marquées par une série de phénomènes dont l'interdépendance ou la liaison peut apparaître maintenant, du fait de l'éclairement de leur genèse historique, d'une façon plus nette.

C'est d'abord, relié à l'exposition conséquente et documentée de la théorie darwinienne, le ralliement à ce qui sera nommé l'*évolutionnisme* d'un certain nombre de savants européens, tels par exemple, en dehors des propres collaborateurs de Darwin, Lyell et Huxley en Angleterre, Schleiden, Vogt, Haeckel, et, dans le domaine linguistique, Schleicher, en Allemagne. C'est en même temps l'*opposition polémique poursuivie* entre la version darwinienne du transformisme et la conscience religieuse, opposition qui ne diffère pas beaucoup en son fond de celle qu'avait déjà rencontrée Lamarck. C'est aussi l'irruption, dans le champ d'une réflexion philosophique impliquée par la modification du point de vue scientifique sur le devenir du monde et de l'homme, la question formulée du *matérialisme* dans les sciences de la nature. C'est encore, comme nous l'avons pu voir, le mouvement d'*intercommunication des disciplines* (linguistique, anthropologie, sciences de la nature) commandé par la nécessité, pour ce qui se ressent déjà comme une *théorie générale du devenir*, d'étayer par des confrontations l'élaboration de sa méthode et l'extension du champ d'application de ses principes théoriques déduits de l'observation. C'est, après cela — et *avant* cela si l'on considère le moment réel d'incidence de la problématique — le phénomène de *stase* qui marque la prise de conscience par les naturalistes d'une étape atteinte et difficilement dépassable, en même temps que d'une limite supérieure de la science imposée par le caractère inconnaissable — en tant qu'inobservable — des premiers commencements. C'est, étroitement liée à cet état du discours dans les sciences de la nature et de la vie, l'*émergence d'une théorie de la connaissance et d'une morale* (Spencer) qui traduisent dans leur champ le concept, les principes et les limites de l'évolutionnisme. C'est enfin, d'une façon plus générale, une ouverture, un *appel à la philosophie*, dont seule pour l'instant la cause (essentiellement, la stase problématique du discours de la science) a été jusqu'ici déterminée, et dont il s'agit à présent de considérer la portée.

Parvenu à ses conclusions essentielles, le darwinisme ne pouvait éviter de (se) poser la question de sa compatibilité avec le système général de croyances et de valeurs jusqu'alors dominant. Le sauvetage, formel, de l'idée de *Création* chez Darwin peut-il à cet égard être pris pour une profession de foi sérieuse ? Il survient dans les dernières pages de la première édition du traité, au terme d'un chapitre récapitulatif, et sa formulation prudente n'emporte avec elle aucune conviction comparable à celle qui se déploie dans tout le corps de l'ouvrage à propos de la réalité des mécanismes de variation. Il est clair que le dogme de la Genèse a déjà péri, et qu'en tout état de cause ce sauvetage apparent de la croyance en un *Créateur* ne saurait s'opérer sur le terrain de la théologie.

La seule voie praticable pour Darwin est alors celle par où tentera de s'effectuer *le transfert du Plan divin sur le terrain d'une réalisation progressive*, choix impliquant évidemment la *moralisation du devenir*. Nous citerons ici, pour l'illustration de cette démarche, ce texte à peu près unique de Darwin :

« Certains auteurs éminents paraissent être pleinement satisfaits de l'opinion que chaque espèce ait été créée d'une manière indépendante. A mon avis, *il me semble que ce que nous savons des lois imposées par le Créateur à la matière, et qui lui sont inhérentes, s'accorde mieux avec l'idée que la production et l'extinction des habitants passés et présents du globe, sont des résultats de causes secondaires, comme celles qui déterminent la naissance et la mort de l'individu.* Lorsque je considère tous les êtres, non comme les objets de créations spéciales, mais comme les descendants linéaires de quelques organismes qui ont vécu longtemps avant que les premières couches du système Silurien aient été déposées, *il me paraissent ennoblis.* A juger d'après le passé, nous pouvons sûrement conclure que pas une espèce actuellement vivante ne transmettra de descendance d'aucune sorte jusqu'à une époque future bien éloignée ; car le mode de groupement de tous les êtres organisés montre que, dans chaque genre, le plus grand nombre des espèces, et toutes dans beaucoup d'entre eux, se sont totalement éteintes et n'ont laissé aucune descendance. Nous pouvons, jetant dans l'avenir un coup d'œil prophétique, prédire que ce sont les espèces les plus communes et les plus répandues, appartenant aux groupes les plus considérables, et dominant dans chaque classe, qui prévaudront en définitive et procréeront des espèces nouvelles et prépondérantes. Toutes les formes vivantes étant les descendantes linéaires de celles qui vivaient longtemps avant l'époque Silurienne, nous pouvons être certains que la succession habituelle par génération n'a jamais été interrompue, et *qu'aucun cataclysme universel n'a jamais bouleversé le monde entier.* Nous pouvons donc entrevoir avec confiance une *époque future de sécurité* également d'une durée inappréciable, et pendant laquelle *la sélection naturelle n'agissant que par et pour le bien de chaque être,* toutes les aptitudes et facultés corporelles et mentales *doivent tendre à progresser vers une plus grande perfection* [...].
N'y a-t-il pas une véritable grandeur dans cette conception de la vie, ayant été avec ses puissances diverses insufflée primitivement par le *Créateur dans un petit nombre de formes, dans une seule peut-être,* et dont, tandis que notre planète, obéissant à la loi fixe de la gravitation, continuait à tourner dans son orbite, *une quantité infinie de formes admirables,* parties d'un commencement des plus simples, n'ont pas cessé de se développer et se développent encore ? » [62]

Il faut reconnaître ici l'habileté de Darwin. Ce qui a lieu dans cette page, c'est moins la récupération de Dieu que l'extinction du dogme. En parvenant aux dernières conclusions de *L'Origine des espèces,* Darwin a atteint la stase heuristique que nous avons précédemment évoquée à propos de Lyell. Dans ces conditions, il était de peu d'importance d'appeler du nom de *Créateur* un principe dont ne pouvait être livré par ailleurs ni le nom ni le concept. D'autre part, si les phénomènes de changement progressif sont établis dans leur réalité par une observation qui ne peut être mise en doute, ils ne sauraient, du point de vue chrétien de la toute-science et de la toute-prévoyance du Créateur, être accidentels, ou correctifs par rapport à une création primitivement défaillante : il faut donc que l'évolution soit rattachée de toute éternité au Plan divin, même si cette idée est en contradiction avec le dogme. Darwin ici ne fait rien d'autre que de jouer la foi essentielle du christianisme (en la perfection divine) *contre la théologie.*
C'est en considération de cela que peut paraître abusive la remarque faite par Schleicher à propos de ce passage terminal de *L'Origine*

des espèces. Il écrit à ce sujet que l'ouvrage de Darwin lui semble « déterminé par la direction de l'esprit contemporain, *si l'on fait abstraction du passage... où l'auteur, faisant une concession illogique à l'étroitesse bien connue de ses compatriotes dans les choses de la foi, dit que l'idée de la création n'est pas en contradiction avec sa théorie.* Naturellement nous n'aurons aucun égard à ce passage dans ce qui va suivre ; *Darwin y est en contradiction avec lui-même,* ses idées ne peuvent être en harmonie qu'avec la conception du lent devenir des organismes naturels, *et nullement avec celle d'une création ex nihilo.* » [63]

C'est faire *dire* à Darwin, d'une part, ce qu'il n'a que *suggéré,* et c'est d'autre part identifier une *contradiction* là où il n'y a en définitive qu'une concession nominale au discours chrétien en dehors de ce qui était alors l'objet actuel de la science.

Mais ce reproche exagéré et schématisant est chez Schleicher l'indice même de la réflexion synthétisante des tendances de la *philosophie* des naturalistes contemporains. C'est cette « philosophie » exprimée « d'une manière plus ou moins claire et consciente chez la plupart des écrivains en sciences naturelles » qui sera interrogée dans les premières pages de *La Théorie de Darwin.* Sous quelles formes apparaît cette *philosophie* ? En Allemagne, elle apparaît bien, en fait, comme Schleicher la présente dans sa propre critique des « concessions » de Darwin, en ce sens qu'aucun naturaliste d'obédience darwinienne n'y prendra ces concessions à la lettre. Vogt en est un très bon exemple : « *Ces conséquences* (de la théorie darwinienne), écrit-il, *sont terribles pour un certain parti. Car il n'est pas douteux que la théorie de Darwin congédie le créateur personnel, avec son intervention alternative dans les transformations de la création, et dans l'apparition des espèces, car elle ne laisse pas la moindre place à l'action d'un être pareil.* » [64]

C'est évidemment à ce texte de Vogt que Schleicher pensait en faisant allusion aux positions philosophiques des naturalistes darwiniens allemands. Mais là encore, c'est la *tradition biblique* qui se trouve en défaut, beaucoup plus que l'idée générale d'une création primitive. Rien d'étonnant toutefois à ce que la pensée allemande, qui avait alors connu sa période néo-hégélienne et l'intégralité de l'œuvre de Feuerbach, affirme ainsi, en se détachant aussi radicalement de toute idée de ce genre, son avance sur le terrain philosophique. Mais c'est *en tant que moment de la science, et non en tant que système philosophique,* que le matérialisme est revendiqué par les naturalistes. Et c'est en tant que tel seulement qu'il peut susciter une défense aussi véhémente que celle qui fait l'objet des dernières lignes de la seizième et dernière *Leçon sur l'homme* de Karl Vogt :

« Les lamentations sur l'anéantissement de toute foi, de toute moralité et de toute morale, sur les dangers que court la société, qui, il y a quelques années, m'avaient forcé de prendre la plume, ont recommencé, cette fois en langue française et dans les cantons de la Suisse française. Les chaires des églises orthodoxes, des oratoires piétistes, les tribunes des missions intérieures, les fauteuils des présidences consistoriales, retentissent de nouveau de ces attentas inouïs contre les bases de l'existence humaine, attaquées par le matérialisme et le *Darwinisme.* On s'étonne que des gens professant de pareilles idées puissent être bons citoyens, honnêtes gens, tendres époux et bons pères de famille. Il y a même des pasteurs qui, après avoir cherché sciemment à tromper l'Etat sur l'impôt qui lui était dû par eux, viennent audacieusement prêcher en chaire que si les matérialistes et les Darwinistes ne commettent pas tous les crimes, c'est uniquement par hypocrisie et non par conviction.

« Laissons-les se livrer aux explosions de leur fureur aveugle ! Ils ont besoin de la crainte du châtiment, de l'espoir d'une récompense dans un autre monde, pour se maintenir dans la bonne voie.

« Nous, nous espérons que la conscience doit suffire pour être homme parmi les hommes, que dans toutes nos actions le sentiment du droit égal de tous doit être notre règle de conduite, sans autre espoir que celui de l'approbation de nos semblables, sans autre crainte que celle de perdre notre dignité humaine, que nous devons d'autant plus estimer qu'elle a dû être conquise, avec infiniment de peine, par les efforts soutenus de nos ancêtres sur un état bien inférieur.

« A nos amis, pour finir, un mot de reconnaissance pour leur appui. Ils reconnaîtront sans doute avec un de leurs camarades, qu'il vaut mieux être un singe perfectionné qu'un Adam dégénéré. » [65]

Ce matérialisme doit s'entendre, dans son lien au darwinisme, comme la conséquence des acquisitions objectives des sciences de la nature. Jamais plus que dans ces lignes de Vogt ne s'est ressentie la nécessité de ce que Spencer évoquera sous la notion de *sécularisation de la morale* [66]. Schleiden, l'autre grande référence allemande de Schleicher en histoire naturelle, consacrera un opuscule à l'histoire passée et présente du matérialisme : *Ueber den Materialismus der neueren deutschen Naturwissenschaft, sein Wesen und seine Geschichte* [67], dans lequel sa reconnaissance d'un matérialisme de fait dans l'état actuel de la réflexion scientifique n'entraîne aucunement la constitution d'un système gnoséologique ou philosophique. Selon Schleiden, le matérialisme systématique ou philosophique est un stade dépassé (*überwunden*) dans l'histoire. Il s'agissait d'un palier inférieur de la théorie de la connaissance, dont le sensualisme de Locke aurait été la dernière manifestation importante, le matérialisme « immoral » des Français comme La Mettrie ne méritant pas d'être pris en considération. Le matérialisme de la science moderne de la nature en Allemagne reposerait selon le botaniste allemand sur une insuffisance, historiquement déterminée, dans l'élaboration et dans l'application de la méthode des sciences de la nature. Il cesse dès l'instant où l'on applique complètement la méthode de l'expérience (*Erfahrung*) à tout le domaine de l'observable (*Wahrnehmbar*). Aussitôt alors, placées sur un même pied et investies des mêmes droits, se rangeraient, au côté de la recherche empirique dans les sciences de la nature : l'anthropologie psychique, au côté de l'induction : la critique kantienne, au côté de la théorie des sciences de la nature : la métaphysique, les secondes se plaçant même au-dessus des premières, parce que celles-ci, déclare Schleiden, sans théorie de la connaissance, n'ont aucune sûreté, et que la théorie de la connaissance appartient aux secondes.

Schleiden situe la source de cette insuffisance dans l'histoire de la philosophie allemande de la période romantique, dont il souligne le profond déficit sur le plan de la science. Les sciences de la nature se seraient ainsi détournées à juste titre de ce « verbiage » — essentiellement schellingien —, confondant avec lui toute « véritable » philosophie. Les sciences de la nature se seraient ainsi développées dans une relative autonomie par rapport au champ de la philosophie et de la théorie de la connaissance, ce qui pourrait expliquer que leur recours actuel à ces disciplines apparaisse comme inconséquent, désordonné, inquiet et contradictoire ; car le rejet de la « philosophie » par les sciences de la nature ne s'est aucunement accompagné du mouvement inverse, et l'histoire naturelle a nettement influencé, dans le sens du matérialisme, la philosophie qui est contemporaine de ses récents développements. Pour Schleiden, l'antidote (*Gegengift*) à ce matérialisme devra être cherché du côté d'un *fondement entièrement empirico-psychologique* assorti d'une *logique* établie sur cette base. L'un et l'autre devront, comme l'histoire naturelle et les mathématiques, devenir des objets essentiels d'enseignement dans les classes supérieures de toutes écoles professionnelles et scientifiques. Cette désorientation générale du rapport des sciences de la nature à la philosophie est aussi, profondément, celle de Schleiden : que fait-il d'autre dans ces lignes, mû par une inquiétude qui le porte à vouloir sauver du « poison » matérialiste une institution scolaire qui lui apparaît, à ce moment, dans toute son importance sociale et morale, que reconnaître la *péremption actuelle* de *toute* philosophie, hormis, justement, le *matérialisme* ?

Hoffnung für die nächste Zukunft habe ich aber keine : Je ne nourris, pour l'avenir immédiat, nul espoir, écrit Schleiden. Cette absence d'espoir, de la part d'un savant qui se nomme lui-même un « authentique disciple de Kant », dans une période qu'il décrit lui-même comme celle du progrès des sciences naturelles et de l'industrie, indique une fois encore la *stase* d'une morale scientifique qui tente de reconstituer son rapport à la philosophie et à la théorie de la connaissance, en refusant de reconnaître celles que la science elle-même et l'histoire lui imposent.

Comment situer, entre cet aveu et ce désaveu du matérialisme, la synthèse schleicherienne ? L'ébauche philosophique à laquelle se livre Schleicher est évidemment à relier à l'évolution des idées impliquée par les sciences de la nature de l'époque darwinienne. Mais le phénomène le plus important que nous y avons pu distinguer, le phénomène d'un *commencement de réponse spéculative* à une *stase* effective de *l'explication naturaliste de l'histoire du monde*, ne comporte pas chez lui la même nuance de suspens heuristique et de déception philosophique. En dehors de ce qui constitue proprement sa *désorientation*, la philosophie renaissante des naturalistes présente essentiellement deux aspects : celui d'une légitimation sur le terrain de l'idéologie et de la morale des conséquences objectives de l'évolutionnisme dans le domaine de la pensée, articulée généralement comme discours défensif. Et celui d'une spéculation sur l'avenir de la science (et parfois, comme on vient de le voir, de la philosophie) portant souvent la marque d'une déception relative à l'impossibilité de la connaissance des commencements absolus. Or chez Schleicher la vision est plus sereine et la perspective plus nettement profilée. Théorisant les tendances de la philosophie influencée par l'état contemporain de la recherche dans les sciences de la nature, il y constate la *fin du dualisme* comme système ou point de vue dépassé (*überwundener Standpunkt*) par une tension de la pensée moderne vers le *monisme* comme nouvelle conception de l'Etre, où matière et esprit se trouveraient liés dans une totalité évoluant dans le sens d'un régulier perfectionnement. On reconnaît ici l'influence de Hegel, et ceci suffit à rappeler que l'essentiel de l'œuvre de Schleicher s'est écrit en plein néo-hégélianisme. On a dit plus haut que le hégélianisme pouvait être pensé comme une conséquence de l'évolutionnisme culturel du XVIII° siècle, en ce sens qu'il avait servi à recouvrir ce qui s'y effectuait d'ouverture logique au matérialisme. C'est ce même rôle que continuera à jouer, par rapport à Schleicher, qui avait pourtant saisi le sens de l'ouverture darwinienne en allant même jusqu'à lui reprocher sa trop grande prudence, l'influence hégélienne. Cette marque hégélienne de son travail théorique, qui se révèle constamment dans les tripartitions hiérarchiques qu'il établit à propos des objets linguistiques, sera particulièrement sensible dans sa classification des sons de l'indo-européen, et dans la typologie des langues où elle se combinera avec le modèle hiérarchique issu de la tripartition des règnes en histoire naturelle : c'est ainsi que Schleicher incorporera les deux perspectives dans sa répartition des langues du monde en trois types d'inégale perfection — le type *isolant*, rapporté au règne *minéral*, le type *agglutinant*, correspondant au règne *végétal*, et le type *flexionnel*, associé à l'*organisme animal* [68].

Toutefois, la problématique des textes de 1863 et de 1865 indique assez nettement que l'avenir philosophique n'est plus pour Schleicher le pur hégélianisme : « Un système philosophique du monisme manque encore à notre temps, écrit-il, mais on voit clairement dans l'histoire du développement de la nouvelle philosophie sa marche vers quelque chose de semblable. » [69]

Dans son explication du *monisme*, Schleicher cherche à définir une conception selon laquelle « il n'y a ni esprit ni matière au sens accoutumé, mais seulement quelque chose qui est l'un et l'autre en même temps.» C'est alors qu'il précise dans une note qu' « accuser de matérialisme cette idée uniquement fondée sur l'observation, serait aussi contraire à la vérité que de l'accuser de spiritualisme. » Sa position semble de ce fait aussi éloignée de celle de Vogt que de celle de Schleiden. Elle est par contre en étroite correspondance avec celle de Lyell, qui ouvre la voie médiane d'un monisme au sein duquel s'avérerait l'hégémonie de l'esprit :

> « Quant au reproche de matérialisme imputé à toutes les formes de la théorie du développement, le docteur Gray nous a rappelé avec raison que « des deux grands esprits du dix-septième siècle, Newton et Leibnitz, tous deux aussi profondément religieux que philosophiques, il y en eut un qui produisit la théorie de la gravitation, tandis que l'autre reprocha à cette théorie d'être subversive de la religion naturelle. [70]
> « Il y aurait, ce me semble, plutôt lieu de dire que, loin d'avoir une tendance matérialiste, cette hypothèse de l'introduction sur la terre, à des époques géologiques successives, d'abord de la vie, puis de la sensation, puis de l'instinct, ensuite de l'intelligence des mammifères supérieurs si voisins de la raison, et enfin de la raison perfectible de l'Homme lui-même, nous présente *le tableau de la prédominance toujours croissante de l'esprit sur la matière.* » [71]

Telle est donc la forme de cet évolutionnisme moniste qui par-delà un athéisme de fait opère le sauvetage de l'esprit et son épanouissement dans le devenir. La systématisation effectuée par Schleicher dans le domaine linguistique est à cet égard l'une des marques les plus nettes de la volonté scientifique du XIXᵉ siècle ; et si les linguistes postérieurs se montrèrent sévères à son endroit — notamment Saussure au début de l'*Introduction* du *Cours de Linguistique Générale* —, c'est principalement que des considérations purement techniques — et jamais historiques ni épistémologiques — occupaient tout le champ de leur critique. Toute la théorie linguistique de Schleicher, et toute sa théorie du développement des langues — depuis leur pré-histoire formatrice jusqu'à la désagrégation historique du type le plus élevé — comportent effectivement le rêve d'une supra-scientificité transdiscursive, intégrant dans sa systématique tous les modèles jusqu'alors dissociés de l'Evolution (géologique, biologique, linguistique, culturelle, historique, philosophique), le rêve synthétisant et dynamique, exprimable dans le champ de la philosophie, d'un savoir du devenir fondé sur l'observation des faits, l'induction des origines et la production des lois de transformation. Figure culminante, en un sens, et marquant le comble des pouvoirs actuels de la science en une époque dominée par l'Evolution, car elle y est la première à penser l'intégration de son propre profil théorique dans le mouvement de nécessaire transformation historique de la pensée, qu'elle incarne en même temps qu'elle peut la décrire. En ce sens, la conséquence ultime de la méthode évolutionniste chez Schleicher est d'affirmer que « *la théorie de Darwin est une nécessité* », et par suite, de même, son hégémonie actuelle dans le champ de la science. La loi de production des phénomènes discursifs est la même que celle qui agit dans le monde organique. Elle est jalonnée dans ses réalisations historiques par des dépérissements, des morts, des naissances et des développements. Mais une théorie qui a découvert la loi du devenir peut-elle concevoir qu'elle n'est qu'un moment, et non un terme indéfini, qu'elle est promise à l'extinction, et non au savoir absolu ? Seuls peuvent *évoluer* désormais, dans le sens de l'affinement et de l'enrichissement, l'acuité de ses observations et de sa méthode d'analyse, le nombre de ses preuves. Le noyau théorique, découvert, ne change pas. Le sommet est atteint, quant au principe et à la forme de la connaissance, et la grande figure dévoilée du devenir oblige l'Occident à s'y considérer comme dans un miroir qui lui révèle immanquablement son propre avancement — cette *évolution* au nom de quoi s'effectueront toutes ses entreprises coloniales —, et du même coup, l'infériorité de l'autre, du *primitif*, de l'*archaïque* : Schleicher est ici le relais d'une anthropologie dont le scientisme ethnocentrique avait déjà depuis longtemps produit des thèses fondamentales quant à l'inégalité *naturelle* des races, des langues et des cultures. Qu'il nous suffise ici de renvoyer à Herder, à Humboldt, aux Schlegel et, en aval, aux présupposés et aux implications de l'anthropologie évolutionniste anglaise et américaine. L'intérêt de Schleicher, parallèle au développement de l'anthropologie physique, pour les travaux phrénologiques de Struve est de même nature, quoique plus savant, que celui de Herder pour les observations de Camper [72] et que celui de W. von Schlegel pour l'anatomie de Blumenbach [73]. Au sein de cette histoire peu ou mal connue, le comte de Gobineau n'est qu'un relais parmi d'autres — pas nécessairement le plus significatif —, et n'ôte rien à l'évidence du substrat anglo-germanique qui sous-tend et prépare les théories explicitées de l'inégalité, et sur lequel poussaient les fougères du jardin du linguiste.

NOTES

1. André Jacob, présentant deux extraits traduits de *Die deutsche Sprache* (1860) de Schleicher, dans *Genèse de la pensée linguistique*, Paris, Colin, 1973, p. 114.

2. Après G. Mounin, Julia Kristeva (sous le nom de Julia Joyaux), consacrant quelques pages à Schleicher dans *Le Langage, cet inconnu* (Paris, S.G.P.P., 1970), y a tenté d'illustrer cependant les principaux aspects de son apport théorique à la linguistique historique, en insistant surtout sur les côtés hégélo-darwiniens les plus saillants de ses thèses sur l'évolution des langues. Mais c'est le côté *mécanique* et (apparemment) strictement *applicatif* de la systématisation schleicherienne qui est évoqué, sans que l'on en rende compte d'une manière *explicative*.

3. On pourra se reporter à notre édition de Warburton, *Essai sur les hiéroglyphes des Egyptiens*. Aubier-Flammarion, 1978, et surtout à *La Constellation de Thot (Hiéroglyphe et histoire)*, à paraître.

4. Ernst Haeckel (1834-1879) enseignait la zoologie à Iéna lorsque Schleicher lui adressa sous forme de lettre ouverte le texte que nous analysons ici. Cinq années plus tard, en 1868, il faisait paraître son *Histoire de la création des êtres organisés d'après les lois naturelles*.

5. *L'origine des espèces*. Chapitre premier : « Variation sous l'influence de la domestication ». Nous renverrons ici à l'édition de 1973 (Marabout Université).

6. « Lorsqu'une race végétale est suffisamment bien fixée, les horticulteurs ne se donnent plus la peine de trier toujours les meilleures plantes, mais visitent leurs plates-bandes pour en enlever les plantons qui dévient du type exact. » (p. 43.)

7. *Die deutsche Sprache*, Stuttgart, 1860.

8. *Ouvr. cit.*, p. 44.

9. *La Théorie de Darwin...*, p. 2.

10. 1820, traduite par P. Caussat dans son édition de 1974 (Seuil).

11. *Ed. cit.*, pp. 79-80. Nous soulignons.

12. Frédéric de Schlegel, *Essai sur la langue et la philosophie des Indiens*, Paris, 1837. « Dans la langue indienne ou dans la langue grecque, chaque racine est véritablement, comme le nom même l'exprime, une sorte de *germe vivant* ; car les rapports étant indiqués par une modification intérieure, et un libre champ étant donné au développement du mot, ce champ peut s'étendre d'une manière illimitée : il est en effet souvent d'une surprenante fertilité. Mais tous les mots qui naissent, de cette manière, de la racine simple, conservent encore l'empreinte de leur parenté ; ils tiennent encore les uns aux autres, se soutiennent et s'appuient, en quelque sorte, mutuellement. De là, d'une part, la richesse, et de l'autre, *la persistance et la longue durée de ces langues*, dont on peut dire qu'elles se sont formées d'une manière *organique*, et qu'elles sont l'effet d'un *tissu primitif* ; tellement qu'après des siècles et dans des langues séparées les unes des autres par de vastes pays, on retrouve encore sans beaucoup de peine le fil qui parcourt le domaine étendu de toute une *famille de mots*, et qui nous ramène *jusqu'à la simple naissance de la première racine*.

« Au contraire, dans les langues qui n'emploient que des affixes au lieu de flexions, les racines ne sont pas, à proprement parler, ce que ce mot indique. *Ce n'est point une semence féconde*, mais seulement comme un assemblage d'atomes que le premier souffle fortuit peut disperser ou réunir ; leur union n'est autre chose qu'*une simple agrégation mécanique* opérée par un rapprochement extérieur. Il manque à ces langues, dans leur première origine, *un germe de vie et de développement*. » (Nous soulignons.)

13. *Ibid.*

14. Traduction française : *Les Langues de l'Europe moderne*, Paris, 1852 (trad. H. Ewerbeck). L'édition originale allemande est celle de Bonn, 1850.

15. « Observations sur la littérature provençale » dans *Essais littéraires et historiques*, trad. française, Weber, 1842.

16. *Essai sur la langue et la philosophie des Indiens*, trad. française, Paris, 1837.

17. *Observations sur la littérature provençale.*

18. Voir notre édition, citée plus haut.

19. *Mémoire dans lequel on prouve que les Chinois sont une colonie égyptienne*, Paris, 1759, reprise d'un mémoire plus long lu à l'Académie des Inscriptions et Belles Lettres le 18 avril 1758 (*Mémoires* de l'Académie, t. XXIX).

20. Voir sur cette question notre ouvrage *La Constellation de Thot* (*Hiéroglyphe et Histoire*), à paraître, et les textes de De Guignes et de Leroux Deshautesrayes qui y sont contenus.

21. *Über die Sprache und Weisheit der Indier*, 1808. Traduction française citée, 1837.

22. *La Recherche linguistique comparative dans son rapport aux différentes phases du développement du langage*, trad. Caussat, p. 74. Nous soulignons.

23. *Ibid.*

24. E. Sapir, « Language », dans *Encyclopaedia of Social Sciences*, New York, Mac Millan, 1933, repris dans *Linguistique*, trad. Boltanski, éd. de Minuit, 1968 : « On ne peut distinguer en toute légitimité que des langues dont *on sait* qu'elles sont apparentées historiquement et des langues dont *on ne sait pas* si elles sont apparentées. Toute distinction entre langues dont on saurait qu'elles sont apparentées et langues dont on saurait qu'elles ne sont pas apparentées serait illégitime. »

25. L. Hjelmslev, *Le Langage* (écrit vers 1943), trad. Olsen, éd. de Minuit, 1963 : « ... s'il est fort possible de démontrer que deux langues sont génétiquement apparentés, il n'est jamais possible de fournir la preuve que deux langues *ne sont pas* génétiquement apparentées. »

26. *Ouvr. cit.*, p. 75.

27. Voir *La recherche linguistique comparative*, pp. 82-83.

28. *Introduction à l'œuvre sur le kavi, ibid.*, p. 258.

29. *La recherche linguistique comparative...*, p. 76.

30. *Trad. cit.*, 1974. Caussat oppose à la flexion réalisée (*Flexion*) le « processus flectionnel » ou « flection » (*Beugung*).

31. *Anbildung* équivaut ici à ce qui sera traduit par « projection du suffixe hors de la racine ».

32. *Ouvr. cit.* p. 262. Nous soulignons.

33. *La Recherche linguistique comparative...*, p. 78.

34. *Introduction à l'œuvre sur le kavi*, trad. cit., p. 267. Nous soulignons.

35. *La théorie de Darwin...*, p. 6.

36. « Les langues sont des organismes naturels qui, en dehors de la volonté humaine et suivant des lois déterminées, naissent, croissent, se développent, vieillissent et meurent ; elles manifestent donc, elles aussi, cette série de phénomènes qu'on comprend habituellement sous le nom de vie. La glottique ou science du langage est par suite une science naturelle ; sa méthode est d'une manière générale la même que celle des autres sciences naturelles. » (*La Théorie de Darwin...*).

37. Schleicher, *ouvr. cit.*

38. Il s'agit du tableau généalogique des langues de la souche indo-germanique.

39. *L'origine des espèces*, pp. 421-422. (Nous soulignons.)

40. *L'Origine des espèces*, p. 422. (Nous soulignons.)

41. *Ibid.*, pp. 423-424.

42. Il suffit de renvoyer ici à ce que nous disions plus haut de Humboldt.

43. La traduction française de cet ouvrage parut à Paris dès 1864.

44. Ch. XXIII.

45. Max Müller, *Comparative Mythology*, Oxford, Essays, 1856.

46. Crawfurd, *Transactions of the Ethnological Society*, 1861, vol. I.

47. Lyell, *ouvr. cit.*, p. 483.

48. *Ibid.*, p. 484.

49. *Ibid.*, pp. 484-485. Nous soulignons. Le mot *langage(s)* devra souvent être compris, dans cette traduction, comme l'équivalent de *langue(s)*.

50. *Ibid.*, p. 490.

51. Saussure, un demi-siècle plus tard, reprendra l'analyse de ce phénomène au début du *Cours de Linguistique Générale, Introduction* § 4.

52. Lyell, *ouvr. cit.*, p. 493.

53. *Ibid.*, p. 495.

54. Essentiellement dans l'*Essai sur l'origine des connaissances humaines* (1746). Voir à ce sujet notre étude « Dialectique des signes chez Condillac », dans *History of linguistic thought and contemporary linguistics*, Walter de Gruyter, Berlin-New York, 1976.

55. Abbé Pluche, *Histoire du ciel, considérée selon les idées des poètes, des philosophes, et de Moïse*, Paris, 1739. Ce qu'il dit, avant Warburton, de l'évolution des systèmes symboliques a été analysé par nous dans « L'hypostase de la lettre », *Digraphe*, n° 2, 1974.

56. D'une manière assez curieuse, on trouve là un schéma qui est l'inverse de celui proposé par Herder dans son *Abhandlung über den Ursprung der Sprache* (*Traité sur l'origine du langage*) de 1772, qui inscrivait pourtant une forte dynamique d'évolution dans la théorie du développement du langage. Herder y parle du langage des Orientaux — proche, évidemment, de l'origine — comme d'un langage dans lequel la prolifération synonymique atteignait de considérables proportions. Par ailleurs, deux pages plus loin, Lyell va, sans peut-être le savoir, en commentant Humboldt, reprendre presque terme à terme un développement de Herder que l'on trouve en partie dans l'*Abhandlung* et en partie dans un texte intitulé « Von den Lebensaltern einer Sprache » (« Des âges d'une langue »), des années 1767-1768, auquel Humboldt a fait d'importants emprunts.

57. Lyell, *ouvr. cit.*, p. 496.

58. *Ibid.*, pp. 496-497.

59. *Ibid.*, p. 497.

60. On pense ici à Spencer, dont les *Premiers principes* furent publiés en 1862, et les *Principes de biologie* en 1864.

61. Lyell, *ouvr. cit.*, pp. 497-498. Nous soulignons.

62. *L'Origine des espèces*, pp. 489-491 et 487 et suiv. de l'édition allemande. (Nous soulignons.)

63. *La Théorie de Darwin...*, p. 4. (Nous soulignons.)

64. Vogt, *Leçons sur l'homme, sa place dans la création et dans l'histoire de la terre*, trad. française, Paris, 1865. (Nous soulignons.)

65. Vogt, *ouvr. cit.*, pp. 627-628.

66. *Les Bases de la morale évolutionniste*, Paris, 1860. *Préface.*

67. Leipzig, 1863. [Sur le matérialisme de la science moderne de la nature en Allemagne, sa nature et son histoire].

68. *Les Langues de l'Europe moderne*, Paris, 1852, p. 30.

69. *La Théorie de Darwin...*, p. 5.

70. Asa Gray, *Natural Selection*, etc., p. 55.

71. Lyell, *ouvr. cit.*, p. 538.

72. *Idées sur la philosophie de l'histoire de l'humanité*, Paris, 1834.

73. « De l'origine des Hindous », dans *Essais littéraires et historiques*, Bonn, 1842.

CHRONOLOGIE

CHRONOLOGIE

I. Enfance et adolescence (1821-1840)

1821 : Le 19 février, naissance à Meiningen (Saxe) de August Schleicher. Son père, Johann Gottfried Schleicher, médecin du canton, exerce surtout dans les milieux ouvriers de Thuringe, où il a su faire apprécier sa compétence et son dévouement. Il fut en 1815 l'un des fondateurs de l'association d'étudiants de l'Université d'Iéna («Burschenschaft»), mouvement patriotique révolutionnaire s'inscrivant dans la lutte menée par la bourgeoisie allemande post-napoléonienne. Au sein de ce mouvement s'affirme une tendance extrême, dont fait partie l'étudiant bavarois Sand qui, le 24 mars 1819, poignarde l'écrivain réactionnaire von Kotzebue, donnant ainsi prétexte à la réaction metternichienne («Karlsbader Beschlüsse») - décrets de Karlsbad, 6-31 août 1819, mesure cependant déjà élaborée dans le cours de l'année précédente : répression à l'Université, dissolution des «Burschenschaften», poursuite des plus ardents patriotes. On peut donc présumer que c'est dans cet esprit bourgeois-révolutionnaire que fut élevé August.

1822 : Les parents s'installent à Sonneberg, que Schleicher considérera d'ailleurs comme son pays natal.

1835-1840 : August Schleicher est élève du Lycée de Coburg. Il y montre des dispositions pour le latin et le grec. Parmi ses professeurs, Forberg, directeur de l'établissement, qui lui donne des leçons particulières d'arabe, et Trompheller semblent l'avoir fortement influencé; ce dernier restera son conseiller pendant ses années d'études. August manifeste très tôt de l'intérêt pour l'observation de la nature et se livre à des excursions botaniques dans les environs. Ses dons pour la musique se révèlent aussi à cette époque.

II. Les années d'études (1840-1846)

1840 : Après le baccalauréat, études de théologie et de langues orientales à l'Université de Leipzig. Il suit les cours d'arabe du célèbre orientaliste Heinrich Leberecht Fleischer. Sans doute a-t-il dû alors étudier le sanscrit et le chinois, suivant en cela des intérêts qu'il manifestait déjà au lycée. Bientôt rebuté cependant par le ton des relations entre étudiants, August se fait radier le 27 mars 1841 de l'Université de Leipzig où il n'aura passé qu'un semestre.

1841-1843 : Etudes à l'Université de Tübingen, fief de la théologie en Allemagne. Parmi les tendances qui s'y exprimaient alors, August semble avoir été surtout influencé par les enseignements du théologue protestant Ferdinand Christian Baur, l'un des fondateurs de l'école critique de Tübingen, qui a dû l'initier aux idées de Hegel. Il apprend le sanscrit, le perse, le sémitique avec l'orientaliste et théologue Ewald, esprit libéral avancé ayant appartenu aux «Göttinger Sieben», les Sept de Göttingen, dont l'attitude ouvertement contestataire obligera certains d'entre eux à quitter le pays. Ewald se lie d'amitié avec son élève et l'assiste quand ce dernier contracte le typhus. Si l'intérêt pour le sémitique pouvait avoir tourné Schleicher vers la théologie (il prononce en 1843 son premier et dernier sermon), ses préoccupations l'attirent de plus en plus vers la science du langage et la philosophie.

1843-1846 : Au début de l'année 1843, August décide, malgré les objections formulées par son père, de quitter Tübingen pour l'Université de Bonn, où dès lors il se consacre intensivement à la philologie. Il assiste au séminaire dirigé par les philologues Friedrich Welcker et Friedrich Ritschl; ce dernier a certainement contribué à lui inculquer des méthodes de recherche proches de celles des sciences naturelles, que Schleicher appliquera à ses travaux. C'est avec Welcker, qui fut précepteur de Wilhelm von Humboldt, qu'August est initié aux théories du grand linguiste. Il étudie aussi la littérature classique avec, entre autres, Heinrich Düntzer (Homère, Horace, mais aussi Goethe). Toujours passionné par les langues orientales, il étudie l'arabe, suit les cours de sanscrit de Christian Lassen, qui oriente son intérêt vers l'étude des langues slaves et baltes. Mettant à profit ses conseils, August apprend le polonais avec l'un de ses condisciples. Cours de gotique et d'ancien haut-allemand avec Friedrich Diez, le fondateur de la philologie romane. Cours d'histoire avec Friedrich Christoph Dahlmann, cerveau des «Göttinger Sieben». Schleicher s'acheminait ainsi tout naturellement, comme Bopp l'avait fait à Berlin, dans la voie de la linguistique comparative. En janvier 1846, il est promu au rang de docteur : ses travaux, «Meletematon Varronianorum», portent sur l'étude des noms de personnes formés par le grammairien Varron dans ses écrits sur l'agriculture. Il obtient en mars les «venia legendi» pour la langue indienne, la littérature, la grammaire comparée. Le 27 juin, il fait à Bonn sa leçon inaugurale : «Ueber den Wert der Sprachvergleichung» (De l'importance de la comparaison des langues). Mais à la fin du semestre, il s'effondre brisé de fatigue et doit se résoudre à une longue cure. Il part pour Ostende. En dehors du travail intensif fourni pendant ses années d'études, August est cependant bien loin de s'être privé des plaisirs d'une vie de société; de même qu'il n'est nullement resté insensible au climat révolutionnaire du «Vormärz». Parmi les rencontres qu'il a faites à cette époque, certaines seront appelées à jouer dans sa vie un rôle important. Relations amicales avec Georg, prince héritier de Saxe-Meiningen, et avec Moritz Seebeck, libéral érudit qui présidait à l'éducation du jeune prince. August fréquente aussi le cercle du démocrate Gottfried Kinkel, où il rencontrera le germaniste Rochus von Liliencron. Kinkel, traduit devant le Tribunal pour avoir participé au soulèvement dans le Bade-Palatinat, abjure la révolution, ce qui lui vaudra la critique de Marx, dont il devient à Londres l'un des principaux adversaires. Dès la période de Leipzig, August fait partie de la «Burschenschaft»; il y restera fidèle à Tübingen et à Bonn où, par des articles anonymes exhortant le mouvement à se départir d'un formalisme périmé et à se reconstituer officiellement, il collabore à la «Zeitschrift für Deutschlands Hochschulen» (1844-45, Heidelberg), publication du révolutionnaire Gustav von Struve, auquel Schleicher se trouve lié aussi par d'autres intérêts, et notamment par ses travaux sur la phrénologie.

III. Vormärz et révolution (1846-1850)

1847 : Au début de l'année, sa cure terminée, August rentre à Sonneberg. Dès le mois d'août 1846 il s'était fait mettre en disponibilité pour trois ans, espérant ainsi pouvoir entreprendre des voyages d'études; mais sa situation financière à son retour d'Ostende ne lui permet pas de réaliser ce projet. En avril, le prince héritier de Saxe-Meiningen obtient pour lui, auprès de la couronne d'Angleterre apparentée à sa famille, une bourse de recherches de 400 livres sterling. Schleicher, à cette nouvelle inespérée, se remet au travail avec une ardeur accrue et ne donnera des cours que pendant les semestres d'été 1847 et 1848.

Mais le conflit opposant la bourgeoisie libérale à la noblesse régnante est entré dans sa phase aiguë. La lutte révolutionnaire pour l'unité et les droits civiques ne trouve plus d'issue en dehors des affrontements violents. Les premiers soulèvements, déclenchés par la nouvelle de la révolution de février en France, éclatent dans le Bade, et gagnent bientôt le sud de l'Allemagne, puis la Rhénanie où se fait sentir l'influence de la «Bund der Kommunisten» à Cologne; l'insurrection continue à s'étendre, fait rage à Vienne, où elle finira aussi par être écrasée, et à Prague. Les derniers combats dureront jusqu'en été 1849. La réaction triomphait sur tous les points.

1848 : Au début de l'année, Schleicher publie la première partie de ses «Sprach-vergleichende Untersuchungen» (Recherches de linguistique comparative). Ce premier volume, intitulé «Zur vergleichenden Sprachengeschichte» (Pour l'histoire comparative des langues), est défini selon ses propres termes comme «une monographie de phonétique historique traitant de l'influence des sons j, i et analogues sur les consonnes apparaissant dans leur voisinage immédiat».Ces phénomènes de palatalisation des consonnes dentales et vélaires («Zetazismus»), Schleicher tente de les mettre en lumière dans une sélection de langues du monde entier pour en donner un tableau complet. Quelque ambitieuses que soient ses visées, elles lui permettent néanmoins de discerner déjà «les langues slaves comme terrain d'élection pour les lois phonétiques énoncées dans cet ouvrage», dont une étude particulière se fonde d'ailleurs sur l'ancien bulgare et le polonais. Pour Schleicher dont les thèses sont liées à la philosophie hégélienne, la langue appartient par son historicité à la sphère de l'esprit humain : sa formation et son développement se situent dans la période préhistorique. La libération de l'esprit humain introduit la période historique au cours de laquelle les langues, par suite de leur asservissement à l'esprit, dégénèrent dans leurs formes et dans leurs sons. Le «Zetazismus» est un exemple de ce déclin. Après l'insurrection parisienne, August Schleicher, touché indéniablement par les événements révolutionnaires, mais poussé aussi par l'obligation liée à sa bourse de recherches, quitte Bonn pour Paris, où il travaillera à la Bibliothèque Nationale. Voyage à Bruxelles. En automne, départ pour Vienne où il sera témoin de l'insurrection d'octobre et suivra le Reichstag à Kremsier.

1849 : En mars, après la dissolution du Reichstag, il quitte Kremsier pour Prague. Il est assez difficile de reconstituer les activités d'August pendant ces deux années de voyage, puisqu'à Prague il a détruit par mesure de prudence les documents relatifs à cette période. Jusqu'en 1850, il tirera ses ressources des articles qu'il écrit pour deux journaux révolutionnaires dont il est le correspondant : la «Augsburger Allgemeine Zeitung» et la «Kölnische Zeitung».
A Prague, il se lie avec Alois Vanicek, qui lui apprend le tchèque et, par la suite, entretiendra avec lui une correspondance suivie. Vers la fin de sa vie, Vanicek se verra confier, sur une recommandation de Curtius, un poste pour l'enseignement du sanscrit au département de tchèque de l'Université de Prague. Le 9 mai, surveillé par la police qui fait bloquer les envois de fonds à son adresse, Schleicher quitte Prague la veille de la proclamation de l'état de siège, et regagne Bonn par Dresde et Berlin.
De retour à Bonn, il s'adonnera avec zèle à l'étude des langues slaves, ce dont témoignent ses lettres adressées de Bonn à son ami Vanicek les 4 juin et 12 octobre : il se passionne pour le slave ancien, se penche sur l'étude du «Glagolita Clozianus» de Kopitar, entreprend des recherches sur les liens entre le slave et le lituanien, lit intensivement des textes russes de Karamsin et de Lomonosow, et se familiarise avec le serbe en lisant la Bible dans cette langue. La même année, il écrit son premier article en tchèque, tant il montre de goût et d'habileté pour l'apprentissage de cet idiome - et, en particulier, de son expression populaire, qu'il apprécie pour sa forme antique comme une langue non dégénérée, qu'il oppose au tchèque écrit. Trois autres articles écrits originairement en tchèque la même année seront reproduits dans les «Sprachen Europas».

1850 :   Publication du second volume des «Sprachvergleichende Untersuchungen» sous le titre «Die Sprachen Europas in systematischer Uebersicht» (Etude systématique des langues européennes). Cet ouvrage, qui traite des langues en détail, s'attache tout particulièrement aux langues slaves et, si ses données sont encore insuffisantes, il apparaît cependant comme le premier résultat d'une étude intensive de ces idiomes. Dans son introduction, Schleicher corrige la thèse avancée dans le premier volume, où il aurait confondu histoire avec croissance et devenir. La langue, dont il réfute maintenant l'historicité, n'appartient plus à la sphère de l'esprit humain, mais devient un organisme naturel («Naturorganismus») : «L'histoire et la langue se tiennent entre elles dans un rapport inverse». Alors que cette proposition érigée en dogme parcourra sans grand changement toute son oeuvre, ses méthodes par contre gagnent sans cesse en rigueur : «(...) la méthode de la linguistique diffère totalement de toute science historique et rejoint essentiellement celle des sciences naturelles (...). Comme les sciences naturelles, la linguistique se donne pour tâche l'exploration d'un domaine régi par des lois naturelles immuables que l'homme n'a pas le pouvoir d'infléchir selon son gré ou sa volonté». Plus tard, Schleicher essaiera de fonder sur les sciences naturelles des théories qui se sont développées d'abord sur le terrain purement spéculatif de la philosophie hégélienne et s'appuient sur la méthode dialectique; ainsi, dans cet ouvrage, adoptant la classification des langues établie par Wilhelm von Humboldt (langues isolantes, agglutinantes, flexionnelles), il émet l'hypothèse qu'à la période préhistorique les langues indo-européennes par exemple ont progressé en passant successivement par ces trois stades, ce qui ne se produit jamais pour aucune langue dans la période historique : «Histoire et formation des langues sont par suite des activités de l'esprit humain qui se relaient». La période préhistorique est celle de la formation des langues, tandis que la période historique est celle de leur déclin.

Le 8 mars, ses travaux ayant attiré sur lui l'attention de Leo Thun-Hohenstein, ministre de l'éducation en Autriche, on lui propose un poste de chargé de cours de philologie classique et de littérature à l'Université de Prague. Il accepte.

IV. Prague (1850-1857)

Fidèle au projet formulé déjà dans les «Sprachen Europas», August consacrera cette période à l'étude des langues slaves et des langues baltes, dans les rapports qu'elles entretiennent entre elles.

Entré en fonctions au semestre d'été, il se lie avec Georg Curtius qui, depuis l'automne 1849, enseigne lui aussi la philologie classique à l'Université de Prague, où il restera jusqu'en 1854. De cette collaboration va naître une solide amitié que ne terniront pas les divergences scientifiques - Curtius insiste sur le caractère historique de la linguistique, que Schleicher considère de son côté comme une science naturelle -, amitié encore renforcée par les liens qui les unissent tous deux à Vanicek, qui jusqu'à son départ de Prague en 1853 sera l'élève de Curtius, et à leurs élèves communs, August Leskien et Johannes Schmidt.

Schleicher fréquente le philosophe hégélien Ignac Hanus; mais pour des motifs idéologiques, celui-ci sera écarté de l'Université en 1852.

Il compose la même année son premier traité de grammaire de la langue tchèque, ouvrage scientifique à l'usage des Tchèques.

1851 :   Le 28 mai, August se voit confier le poste nouvellement crée de chargé de cours de linguistique comparative et de sanscrit. En outre, dès l'hiver 1851, il remplacera Hahn aux études germaniques.

Schleicher écrit son second traité de grammaire de la langue tchèque, ouvrage pédagogique à l'usage des étudiants allemands.

1852 : Publication de «Formenlehre der kirchenslawischen Sprache» (Théorie des formes grammaticales de la langue liturgique slave), que Schleicher considère comme une «première tentative pour éclairer le rapport du slave aux langues-soeurs indo-européennes». Cet important ouvrage réserve une grande place à l'étude du système phonétique et de la formation des mots. Travail visant à «mettre en relief des éléments essentiels pour l'étude comparée des langues indo-européennes», mais s'appuyant cependant sur des faits de langue de l'ancien bulgare. Pour délimiter le slave par rapport à la famille des langues indo-européennes, Schleicher recourt dans son introduction à des méthodes statistiques empruntées à Förstemann, et dénombre ainsi les voyelles et les consonnes de l'«Ostromir Evangelium» pour le comparer à des textes grecs, latins et gotiques. Il utilise l'abondante matière recueillie par Miklosich, des travaux antérieurs de Dobrovsky, Kopitar et Safarik, mais s'attarde surtout à de laborieuses recherches dans l'«Ostromir Evangelium». Comme dans les «Sprachen Europas», on voit ici se confirmer la division des langues slaves en un groupe oriental et un groupe occidental. A noter que Schleicher adopte pour la première fois dans cette oeuvre une orthographe très peu courante à l'époque, allant dans le sens des réformes préconisées par Jakob Grimm.
    Du 25 mai à la mi-octobre, voyage d'études en Lituanie. Schleicher en adressera un passionnant rapport à l'Académie des Sciences de Vienne, rapport qui semble, quant à l'intérêt qu'il présente pour la connaissance des coutumes populaires, n'avoir pas été encore épuisé. Sur place, il prend contact avec Nesselmann qui l'introduit auprès d'ecclésiastiques et de professeurs aptes à lui apporter leur aide. Il fait ainsi la connaissance de Kumutatis, avec qui il apprend le lituanien et qui par la suite sera appelé à cautionner ses recherches dans cette langue. August montre de remarquables capacités de travail et, par son contact facile, gagne vite la confiance des gens du peuple.
    De retour à Prague en octobre, riche de l'abondante documentation qu'il a recueillie, il va pendant quatre ans orienter ses recherches vers l'élaboration d'une grammaire du lituanien.

1853 : En juin, il est nommé professeur titulaire de linguistique allemande, de grammaire comparée et de sanscrit.
    Dans le même mois, publication d'une étude comparée du slave et du lituanien. Schleicher développe déjà dans cet ouvrage sa théorie de l'arbre généalogique, sans avoir toutefois encore éclairci le rapport du celtique aux autres langues indo-européennes. Il souligne la proche parenté du slave avec le balte, ici représenté par la langue lituanienne.
    Publication la même année d'un série d'études groupées en un recueil intitulé «Lituanica».

1854 : Le 8 janvier, il épouse Fanny Strasburger, fille d'un riche négociant de Sonneberg.

1855 : Schleicher compose un abrégé d'histoire de la langue slave, «Kurzer Abriss der Geschichte der slawischen Sprache», qui ne paraîtra que trois ans plus tard, dans une publication qu'il fonde en 1855, en collaboration avec Adalbert Kuhn : «Beiträge zur vergleichenden Sprachforschung auf dem Gebiete der arischen, keltischen und slawischen Sprachen» (Contribution à la recherche linguistique comparative dans le domaine des langues arienne, celtique et slave), dont le premier numéro sortira en automne 1856.
    La même année, Schleicher publie dans la revue d'Adalbert Kuhn, limitée aux domaines allemand, grec et latin, un article sur le futur en allemand et en slave, «Futurum im Deutschen und Slavischen», comptant pour l'un de ses plus brillants travaux, tant pour sa rigueur théorique que pour la portée qu'il a encore aujourd'hui dans cet important secteur de la recherche linguistique sur l'aspect.

1856-1857 : Schleicher publie l'oeuvre principale de ce moment, le fruit de son voyage en Lituanie : il s'agit du «Handbuch der litauischen Sprache» (Manuel de la langue lituanienne), ouvrage comprenant deux parties :

I. «Litauische Grammatik» (Grammaire du lituanien), dont l'originalité est marquée par son caractère non normatif, très rare à l'époque dans les ouvrages de ce genre - toutes les particularités des dialectes y sont prises en considération -, sa conception purement descriptive, son exposé introductif sur le rapport du lituanien aux autres langues indo-européennes, et surtout l'ampleur du travail sur la syntaxe, chose qu'il n'avait guère abordée jusqu'ici. Ouvrage de référence pour tous les travaux ultérieurs sur le lituanien.

II. «Litauische Lesebuch und Glossar» (Textes choisis et glossaire du lituanien), recueil de contes et de chansons populaires, proverbes et énigmes, remarquable par sa scrupuleuse fidélité aux textes originaux (Schleicher, voulant s'assurer le concours d'un expert, avait fait venir à Prague le professeur lituanien Kumutatis).

Traduction allemande disponible dès 1857 (Weimar).

Pour son auteur, cette oeuvre venait clore provisoirement une étude du lituanien qui connaîtra dans les années 60 un nouveau développement.

Mais il semble bien que le climat dont August Schleicher avait joui au début de son séjour à Prague s'était à tel point détérioré qu'il lui devenait alors insupportable. Parmi les circonstances auxquelles cette évolution est imputable, et en dehors de toutes exigences et rivalités professionnelles (ses critiques sévères à l'encontre de certains grammairiens et écrivains tchèques, son rôle d'inspecteur auprès de la commission d'examen des lycées lui avaient fait des ennemis), il est incontestable que la situation politique du pays n'a pu manquer d'atteindre Schleicher, connu pour ses opinions politiques libérales et sa tolérance en matière de religion. La révolution de 1848 a suscité une réaction brutale de la noblesse qui, soutenue par le Tsar, rétablit l'absolutisme. La constitution de mars abolie (31 déc. 1851), le centralisme restauré, des mesures policières sont aussitôt mises en place (l'état de siège décrété à Prague en 1849 y règne encore en 1854). L'armée ordinaire est renforcée par des corps spéciaux entraînés et payés pour la provocation et la délation. Un décret impérial de 1854 remet en vigueur les châtiments corporels. D'un autre côté, l'Eglise catholique, soutien des Habsburg, prend en charge, aux termes du concordat de 1855, le contrôle général de l'Education. Les protestants n'ont nulle chance d'accéder aux postes de commande.

Inquiété déjà en 1849, August, maintenant dénoncé, comme il le supposera, par son ennemi le philologue Vaclav Hanka, tombe à nouveau sous le coup des poursuites policières (perquisition à son domicile en octobre 1851, confiscation de documents de 1848, déportation à Vienne où il restera un certain temps sous le contrôle de la police). Il faudra tous les efforts de son ami Curtius pour le faire revenir à Prague.

En mars 1857, grâce à l'intervention de Moritz Seebeck, alors curateur de l'Université d'Iéna, ainsi qu'à l'appui du prince Georg de Saxe-Meiningen et de son ami Rochus von Liliencron, August obtient un poste de professeur honoraire de linguistique comparative et de philologie allemande à Iéna. Bien que son traitement s'en trouve diminué de moitié, Schleicher quitte l'Autriche avec soulagement.

V. Iéna (1857-1868)

Le retour au pays natal, si intimement souhaité, marque pour lui le début d'une ère de difficultés pécuniaires et de déceptions. Pourtant, son ardeur à la tâche n'en sera que plus vive, ses travaux n'en seront pas moins féconds, et c'est alors que sa méthode scientifique parviendra à son remarquable achèvement.

A cette époque, la lutte pour l'hégémonie entre la Prusse et l'Autriche, l'arrivée de Bismarck sur la scène politique (1862) et le jeu des puissances voisines vont ouvrir une phase d'hostilités, souvent au préjudice des Etats allemands ralliés à l'un ou l'autre camp. Schleicher considère avec pessimisme l'avenir de son pays, la Prusse et l'Autriche étant pour lui l'une comme l'autre des ennemies de la cause allemande. Il s'en expliquera dans des lettres adressées en juin et octobre 1866 à son ami Curtius.

1857 : En mai, quand il arrive à Iéna, le climat est loin de répondre à ses attentes. Souffrant de difficultés liées à sa gestion, partagée depuis 1826 entre plusieurs Etats saxons, l'Université d'Iéna est alors dans une situation financière des plus précaires. Malgré l'influence de son ami Moritz Seebeck, August doit renoncer à se voir accorder le traitement et la titularisation qu'il est en droit d'espérer. Ses opinions politiques n'ont certes pas favorisé sa carrière à Iéna; mais d'autre part, les philologues n'étaient pas non plus disposés à tolérer la redoutable concurrence qu'était à leurs yeux la jeune linguistique comparative, déjà si brillamment représentée. Quoi qu'il en soit, Schleicher, en dépit de l'âpreté de la lutte pour l'existence et du surmenage qu'elle implique, ne cédera pas à la séduction des offres qui lui parviennent de l'étranger et longtemps se laissera bercer de vagues promesses de pouvoir enfin jouir dans son pays du crédit qu'ailleurs on lui accorde.

Dès son entrée en fonctions, il élabore un plan d'enseignement riche et varié, comme le montre la liste des cours qu'il a donnés à Iéna :

- Formes d'organisation du langage humain
- Morphologie générale des langues
- Sur la vie du langage
- Histoire de la famille des langues indo-européennes
- Grammaire comparée des langues indo-européennes
- Grammaire comparée de la langue grecque
- Grammaire comparée du latin, de l'osque et de l'ombrien
- Le gotique
- Ancien haut-allemand et ancien saxon
- Moyen haut-allemand et Nibelungen
- Histoire de la littérature allemande ancienne

A partir de 1866 :

- Grammaire comparée des langues slaves
- Nature et vie des langues slaves (cours fréquenté par Baudoin de Courtenay)
- Théorie des formes grammaticales du slave (leçon annoncée, mais paraissant ne pas avoir eu lieu).

S'il ne se révèle pas comme un maître d'éloquence, ses cours sont toujours clairs et attachants; il possède l'art de communiquer à ses auditeurs son enthousiasme pour les questions qu'il traite. Ses leçons attirent des étudiants étrangers : A. N. Pypin en 1858, J. K. Grot en 1861, Baudoin de Courtenay en 1866.

En octobre, Schleicher est nommé membre correspondant de l'Académie des Sciences de Saint-Pétersbourg.

Au cours de cette période d'Iéna, l'orientation de ses recherches sera logiquement liée à son plan d'enseignement. En outre, il se penche sur des questions de théorie linguistique négligées à Prague. Il suit attentivement les derniers résultats obtenus dans le domaine des sciences naturelles, étudie la physiologie de Karl Vogt et la botanique de Jacob Schleiden, et s'adonne avec passion au jardinage, qui lui procure, dans la vie retirée qu'il mène alors, la détente qu'il puisait à Bonn dans la musique.

1859 : Publication d'un traité intitulé «Zur Morphologie der Sprache» (De la morphologie du langage), inaugurant la série des ouvrages théoriques de cette époque. Pour la première fois, Schleicher utilise le langage formel des mathématiques et introduit dans la science du langage le terme de «morphologie», emprunté à la biologie - innovations qui suscitent de vives critiques, notamment de la part de Steinthal.

1860 : Parution d'un ouvrage intitulé «Die deutsche Sprache» (La langue allemande), se proposant dans sa préface de «rendre accessibles à tous les gens cultivés les méthodes et les résultats de la recherche linguistique, et de montrer dans ses principaux aspects la nature de la langue allemande». Dans la première partie, l'auteur expose en détail ses conceptions sur la théorie linguistique; la seconde partie est consacrée à la grammaire du moyen haut-allemand et du haut-allemand moderne, alors que la troisième partie enfin traite de certains problèmes de syntaxe et de métrique en moyen haut-allemand. Schleicher joint à cet ouvrage quelques listes de mots dans sa nouvelle orthographe (cf. «Formenlehre der kirchenslawischen Sprache», 1852) qu'il n'utilise pas ici, souhaitant, dans un but national, que ce livre soit largement répandu (5ème édition en 1888).
La même année, parution à Stuttgart de la traduction allemande de l'oeuvre de Charles Darwin, «Die Entstehung der Arten im Tier- und Pflanzenreich durch natürliche Auslese» (L'Origine des espèces dans les règnes animal et végétal au moyen de la sélection naturelle).

1861 : La Faculté de Philosophie de Leipzig sollicite à son intention la création d'une chaire de slavistique. La demande, rejetée officiellement en octobre 1867, n'aboutira qu'en 1870, au profit de Leskien.

1861-1862 : Publication du «Kompendium der vergleichenden Grammatik der indogermanischen Sprachen» (Compendium de grammaire comparée des langues indo-européennes), oeuvre monumentale mûrie dans la pratique de l'enseignement, et que Schleicher projetait déjà d'écrire quand il était à Prague, jugeant le moment venu de systématiser en termes concis et significatifs les résultats de l'étude comparée des langues indo-européennes. Dans son introduction, il traite de la classification des langues, de leur développement et de leur déclin morphologique et, enfin, caractérise les langues indo-européennes d'après sa théorie de l'arbre généalogique. En accord avec ses vues sur l'organisation de la grammaire, son compendium repose sur une théorie des sons (phonétique) et une théorie des formes grammaticales (morphologie). Par contre, ne sont considérées dans cet ouvrage ni la sémasiologie, ni la syntaxe, pour lesquelles il ne voyait alors aucun traitement scientifique possible. La morphologie reçoit ici un éclairage nouveau : «Les mots primitifs ne sont en eux-mêmes ni des noms ni des verbes; c'est le suffixe de cas et la désinence de personne qui les affectent à l'une ou à l'autre de ces catégories». Autrement dit, Schleicher sépare rigoureusement la théorie de la constitution des mots primitifs («Stammbildungslehre»), qui dérive ces mots à partir des racines et ne distingue encore ni noms ni verbes, et la théorie de la formation des mots («Wortbildungslehre»), qui se fonde sur la déclinaison et la conjugaison. Il se sert de la comparaison pour reconstituer la langue primitive et montre que le sanscrit n'a pas lieu d'être considéré comme la langue-mère indo-européenne, mais plutôt comme une langue-soeur très ancienne. Il s'appuie sur la Grammaire comparée de Bopp, sur les recherches étymologiques de Pott et, pour l'ancien bulgare, sur les écrits de Miklosich et de Vostokov.
Le «Compendium» de Schleicher marque, après la Grammaire de Bopp, la fin de la première époque de recherches sur l'indo-européen, dont ces deux ouvrages constituent l'apogée. Bopp avait ouvert la voie du comparatisme en recherchant la parenté des langues indo-européennes; Schleicher donne une suite à cette analyse en produisant une vaste synthèse où les

diverses langues réapparaissent détachées les unes des autres. La génération suivante des «Junggrammatiker» (néo-grammairiens) prendra le «Kompendium» (4ème édition en 1876) pour fondement critique de ses recherches.

1862 :   En septembre, l'Université de Varsovie propose à Schleicher une brillante situation. Il refuse.
La même année, il tient à la Société de Mathématiques d'Iéna une conférence sur l'application de formules algébriques à la science du langage, «Ueber die Anwendung algebraischer Formeln in der Sprachwissenschaft».

1863 :   Il est élu membre permanent de l'Académie des Sciences de Leipzig. Le 17 juin, la classe de philologie de l'Académie de Saint-Pétersbourg lui donne mission, moyennant une rétribution annuelle de 400 roubles argent, de réaliser dans les cinq années à venir :
- une grammaire comparée des langues slaves
- une grammaire comparée du lituanien
- une grammaire lituano-slave.
Schleicher accepte, et se remet avec ardeur à l'étude des langues slaves, auxquelles il consacrera les dernières années de sa vie.
La même année, il écrit sous forme de lettre ouverte à son ami Ernst Haeckel, qui lui avait conseillé la lecture de Darwin, un texte intitulé «Die Darwinsche Theorie und die Sprachwissenschaft» (La théorie de Darwin et la science du langage), exportation des concepts et des méthodes issus de l'évolutionnisme vers le traitement des «organismes naturels» que sont les langues.

1864 :   Ce thème fait l'objet d'une conférence, qui sera publiée un an plus tard : «Ueber die Bedeutung der Sprache für die Naturgeschichte des Menschen» (De l'importance du langage pour l'histoire naturelle de l'homme). Schleicher y poursuit et précise ses idées sur «l'existence matérielle du langage», la «vie des langues» et la nature de la science du langage, qu'il définit comme «une science naturelle travaillant à partir d'un matériau historique», illustrant ainsi le rapport indissociable des sciences naturelles à l'histoire; il évoque également la mission du linguiste, qui doit, s'il veut répondre à toutes les exigences de cette science, être à la fois philologue et anthropologue. Ces deux textes, traduits en français par Pommayrol et préfacés par Michel Bréal, paraîtront ensemble en 1868.
S'intéressant à l'examen microscopique des plantes, Schleicher suit alors les cours de botanique de Nathanael Pringsheim.

1865 :   Parution de l'ouvrage intitulé «Die Unterscheidung von Nomen und Verbum in der lautlichen Form» (Distinction des noms et des verbes dans la forme phonique), résultat de plusieurs années de recherches sur plus de 60 langues différentes pour vérifier l'existence de ces catégories en dehors du domaine indo-européen. Il semble toutefois que Schleicher, qui privilégie «la forme phonique du langage comme étant celle dans laquelle se donne son contenu, celle hors de laquelle rien ne désigne la fonction ni les catégories grammaticales», ait pris pour critères des données morphologiques de l'indo-européen et soit arrivé ainsi à de fausses conclusions.
La même année, il préface et réédite l'oeuvre poétique de Kristijonas Donelaitis (1714-1780), traduite du lituanien en 1818 par Ludwig Rhesa à l'instigation de Wilhelm von Humboldt. A partir de ce moment, il ne s'occupera plus que des travaux qui lui ont été confiés par l'Académie de Saint-Pétersbourg, ainsi qu'en témoignent ses cours à l'Université et de nombreux extraits de lettres de cette époque.

1866 :   Il fait parvenir à Saint-Pétersbourg un extrait de sa grammaire comparée des langues slaves, qui laisse encore de côté le dialecte slave de l'Elbe (polabe), langue du Lüneburger Wendland éteinte depuis près d'un siècle, qu'à l'issue de longues recherches à différents moments de sa vie, il a réussi à reconstituer et à parler.

1867 :   L'Académie Française lui décerne le Prix Volney pour son Compendium. Il est élu membre d'honneur de l'Académie de Zagreb.
    Il nourrit le projet d'élaborer un dictionnaire comparé des langues slaves. Ce n'est qu'en 1963 qu'une réalisation comparable verra le jour.

1868 :   En octobre, il parvient enfin à écrire la préface d'un recueil de textes et glossaires («Indogermanische Chrestomathie») qu'il désirait adjoindre à son Compendium.
    Ses travaux sur le polabe s'acheminent vers leur conclusion. Le 19 novembre, il écrit à Leskien que le premier volume a déjà été envoyé à Saint-Pétersbourg, que le second vient d'être achevé, et qu'il compte avoir terminé pour Noël le reste de l'ouvrage.
    Le 6 décembre, la mort l'arrache à cette tâche.

1871 :   Parution, grâce aux soins de Leskien, de l'ouvrage posthume d'August Schleicher : «Laut- und Formenlehre der polabischen Sprache» (Traité de phonétique et de morphologie de la langue polabe), seul oeuvre de référence pour ce domaine jusqu'en 1929.

TEXTES DE AUGUST SCHLEICHER

LA

THÉORIE DE DARWIN

ET

LA SCIENCE DU LANGAGE

———

DE

L'IMPORTANCE DU LANGAGE

POUR

L'HISTOIRE NATURELLE DE L'HOMME

PAR A. SCHLEICHER

TRADUIT DE L'ALLEMAND

PAR M. DE POMMAYROL.

AVANT-PROPOS

Le mouvement philologique dont l'Allemagne nous offre le spectacle ne trouve pas seulement son expression dans les grands ouvrages que tout savant est obligé de connaître et de posséder. Il provoque aussi chaque année un certain nombre d'opuscules publiés sous forme de discours, de programmes, d'articles de revues : il est souvent intéressant de connaître ces travaux parce qu'ils approfondissent une question, présentent un côté nouveau de la science, ou parce qu'ils résument les progrès des recherches et en marquent les étapes. C'est donc une idée utile et féconde qu'a l'éditeur de la présente publication, de faire traduire les plus remarquables parmi ces écrits et d'en former une collection. On peut espérer que l'attention du public français, qui commence à s'attacher aux questions philologiques, ne manquera pas à ce recueil. Les travaux originaux ne seront d'ailleurs pas exclus de la collection, qui pourra s'ouvrir également à des traductions faites sur d'autres langues que l'allemand.

Les deux écrits qui ouvrent la série nous présentent la science du langage dans ce qu'elle a de plus général : ils traitent des rapports de la linguistique et de la physiologie. Les idées exposées par M. Schleicher soulèveront sans doute des contradictions parmi nous, comme elles en ont provoqué en Allemagne : mais ceux mêmes qui ne partageront pas sur tous les points les opinions de l'auteur, y trouveront un stimulant pour leur pensée [1].

M. Schleicher, né à Meiningen en 1821, est professeur de philologie comparée à l'Université d'Iéna. Son principal ouvrage est le *Compendium de grammaire comparée des langues indo-germaniques,* dont la seconde édition a obtenu de l'Institut de France le prix Volney, en 1867.

Il n'était pas aisé de transporter dans notre langue un travail où se trouvent rapprochées deux sciences comme la physiologie et la linguistique, en ce qu'elles ont chacune de plus abstrait. La traduction de M. de Pommayrol est exacte et fidèle, sans recherche de fausse élégance, et tout en restant toujours claire, elle laisse percer sous le français la physionomie de la pensée allemande.

M. B.

1. Nous avons nous-même fait quelques réserves dans notre écrit : *De la forme et de la fonction des mots.* Franck, 1866.

LA THÉORIE DE DARWIN

ET

LA SCIENCE DU LANGAGE

LETTRE PUBLIQUE A M. LE Dr ERNEST HÆCKEL,

Professeur de Zoologie et Directeur du Musée Zoologique à
l'Université d'Iéna,

PAR AUGUSTE SCHLEICHER.

WEIMAR. 1863.

Tu ne m'as pas laissé de repos, mon cher collègue et ami, que je n'aie lu dans la seconde édition traduite par Bronn[1], le célèbre ouvrage de Darwin sur l'origine des espèces dans le règne animal et dans le règne végétal, origine qu'il explique par la culture naturelle et par la conservation des races les plus parfaites dans le combat pour l'existence. J'ai fait ta volonté, et, bien que le livre soit mal composé et lourdement écrit, et traduit parfois en un singulier allemand, je l'ai étudié d'un bout à l'autre; je n'ai même pu résister au désir de lire deux fois la plupart des chapitres. Avant tout je te remercie des efforts persévérants que tu as faits et qui m'ont heureusement décidé à étudier un livre d'une importance incontestable. Tu paraissais certain que l'ouvrage me plairait; tu pensais sans doute à mes goûts pour le jardinage et la botanique. Le jardinage offre en effet mainte occasion d'observer le « combat pour l'existence », que l'on décide habituellement en faveur des préférés qu'on a choisis, — opération qui, en langage vulgaire, s'appelle « sarcler ». L'extension dont peut être capable une seule plante si elle trouve pour cela de l'espace et les autres conditions favorables, le jardinier en est témoin plus souvent qu'il ne voudrait. Quant aux phénomènes de variabilité des espèces, d'hérédité, en un mot de « culture naturelle », tout cela a été l'objet de

---

[1] Stuttgard, 1860.

mainte expérience et de mainte observation de la part d'un homme qui, depuis des années, a la marotte de perfectionner, dans une direction déterminée, une de nos plantes d'agrément les plus susceptibles de variabilité [1].

Cependant tu n'avais pas deviné tout à fait juste, mon cher ami, lorsque tu considérais surtout ma passion de jardinage pour me recommander le remarquable livre en question. Les vues de Darwin m'intéressèrent d'une manière encore plus profonde, en tant que je les rapportais à la science du langage.

En effet des idées semblables à celles que Darwin exprime au sujet des êtres vivants, sont assez généralement admises pour ce qui concerne les organismes linguistiques, et moi-même, en 1860, c'est-à-dire l'année où a paru la traduction allemande de l'ouvrage de Darwin [2], j'ai exposé, dans le domaine de la science des langues, sur le « combat pour l'existence », sur la disparition des anciennes formes, sur la grande extension et la grande différenciation dont est capable une seule espèce, des idées qui, à l'expression près, concordent d'une manière frappante avec les vues de Darwin [3]. Il n'est donc pas étonnant que ces vues m'aient vivement intéressé.

Si maintenant tu veux savoir quelle influence le livre de Darwin a exercée sur moi, je vais te l'expliquer bien volontiers et même publiquement. J'espère que tu apprendras avec plaisir, toi le zélé champion des idées de Darwin, comment les traits principaux de sa doctrine trouvent ou plutôt ont trouvé déjà d'une manière inconsciente, pour ainsi dire, leur application dans la vie des langues. Je pense aussi que les choses, sur lesquelles nous nous entendrons toi et moi, j'espère, ne seront pas non plus absolument sans intérêt pour d'autres. En m'adressant à toi et en me donnant l'innocent plaisir de te surprendre par une lettre publique, je parle surtout aux naturalistes, que je voudrais voir plus instruits dans la science des langues qu'ils ne l'ont été jusqu'ici. Et je n'entends pas seulement par là l'analyse physiologique des sons vocaux, qui a fait dans ces derniers temps de si grands progrès, mais aussi la préoccupation des différences

1 M. Schleicher étudie et cultive les fougères (Trad.).
2 La première édition de l'original anglais a paru en novembre 1859 et je ne l'ai pas connue.
3 De la langue allemande, Stuttgard, 1860, p. 43 et suiv.; surtout p. 44 au commencement.

linguistiques et de leur importance pour l'histoire naturelle du genre Homme. Les différences linguistiques ne pourraient-elles pas servir de principe fondamental pour un système naturel de ce genre si particulier? L'histoire du développement du langage n'est-elle pas une partie capitale de l'histoire du développement de l'homme? Une chose au moins est certaine, c'est que, sans la connaissance des conditions linguistiques, personne ne peut se faire une idée suffisante de la nature et de l'essence de l'homme.

De même un de mes vœux les plus chers, c'est que la méthode des sciences naturelles trouve de plus en plus faveur auprès des linguistes. Peut-être les lignes suivantes engageront-elles quelque linguiste commençant à aller s'instruire de la méthode à l'école d'habiles botanistes ou zoologistes; sur ma parole, il n'aura pas à s'en repentir. Pour ma part du moins, je sais très-bien que je dois beaucoup, pour l'intelligence de l'essence et de la vie du langage, à l'étude d'ouvrages tels que la Botanique scientifique de Schleiden, les Lettres physiologiques de Charles Vogt, etc. C'est dans ces livres que j'ai appris pour la première fois ce que c'est que l'histoire du développement. Les naturalistes font voir que les faits fortement établis par une observation objective, et les conclusions rigoureuses tirées de ces faits, ont seuls une valeur scientifique, connaissance qui serait utile à maint de mes collègues. Les interprétations subjectives, les étymologies hasardeuses, les vagues imaginations en l'air, en un mot tout ce qui enlève aux études linguistiques leur rigueur scientifique, les abaisse et même les rend ridicules aux yeux des hommes éclairés, tout cela est entièrement rejeté par celui qui a appris à se placer au point de vue de cette observation calme dont j'ai parlé plus haut. L'observation précise des organismes et de leurs lois vitales, l'abandon complet à l'objet scientifique doivent être les seuls principes de notre méthode, à nous aussi; tout discours, si ingénieux qu'il soit, qui ne porte pas sur ce fonds solide, est entièrement dépourvu de valeur scientifique.

Les langues sont des organismes naturels qui, en dehors de la volonté humaine et suivant des lois déterminées, naissent, croissent, se développent, vieillissent et meurent; elles manifestent donc, elles aussi, cette série de phénomènes qu'on comprend habituellement sous le nom de vie. La glottique ou science du langage est par suite une science naturelle; sa méthode est d'une manière générale la même que celle des autres sciences naturelles [1]. Aussi l'étude du livre de Darwin, à laquelle tu m'as poussé, ne m'a-t-elle pas paru s'écarter trop de mon ressort.

L'ouvrage de Darwin me semble déterminé par la direction de l'esprit contemporain, si l'on fait abstraction du passage (p. 487 et suiv.) où l'auteur, faisant une concession illogique à l'étroitesse bien connue de ses compatriotes dans les choses de la foi, dit que l'idée de la création n'est pas en contradiction avec sa théorie. Naturellement nous n'aurons aucun égard à ce passage dans ce qui va suivre; Darwin y est en contradiction avec lui-même, ses idées ne peuvent être en harmonie qu'avec la conception du lent devenir des organismes naturels, et nullement avec celle d'une création ex-nihilo. De la théorie de Darwin résulte logiquement, comme commencement général de tous les organismes vivants, la cellule simple, d'où s'est développée, dans le cours de très-longs espaces de temps, la multitude entière des êtres actuellement vivants et de ceux qui ont déjà disparu, de même qu'encore maintenant nous trouvons cette forme la plus simple de la vie dans les organismes demeurés aux degrés inférieurs du développement, et aussi dans le premier état embryonnaire des êtres les plus élevés. Le livre de Darwin, ai-je dit, me paraît être en accord parfait avec les principes philosophiques que l'on trouve aujourd'hui exprimés d'une manière plus ou moins claire et consciente chez la plupart des écrivains en sciences naturelles. Je veux m'expliquer un peu plus longuement sur ce point.

La direction de la pensée contemporaine tend incontestablement au monisme. Le dualisme, qu'on entende par là l'opposition de l'esprit et de la nature, du fonds et de la forme, de l'être et de la manifestation, ou tous les autres termes par lesquels on peut désigner une opposition, le dualisme est, pour la spéculation contemporaine en sciences naturelles, un point de vue absolument dépassé. Pour elle il n'y a pas de matière sans esprit, c'est à dire sans une nécessité qui la détermine, mais aussi il n'y a pas davantage d'esprit sans matière. Ou plutôt

---

1 Évidemment il n'est pas question ici de la philologie qui est une science historique.

il n'y a ni esprit ni matière au sens accoutumé, mais seulement quelque chose qui est l'un et l'autre en même temps[1]. Un système philosophique du monisme manque encore à notre temps, mais on voit clairement dans l'histoire du développement de la nouvelle philosophie sa marche vers quelque chose de semblable. D'ailleurs il ne faut pas perdre de vue que, précisément par suite de la manière actuelle de penser et de considérer les choses, la marche de la science est devenue autre qu'elle n'était auparavant. Tandis qu'autrefois on s'empressait d'abord de faire un système et qu'on s'efforçait ensuite de ramener les objets dans le système, on procède aujourd'hui tout au rebours. Avant tout on se plonge dans l'étude particulière et précise de l'objet, sans penser à une construction systématique du tout. On supporte avec le plus grand calme d'esprit le manque d'un système philosophique correspondant à l'état de nos recherches particulières, dans la conviction que pour le moment un tel système n'est pas encore possible, et qu'on doit éviter d'essayer de l'établir, jusqu'à ce qu'un jour une quantité suffisante d'observations positives et de connaissances sûres ait été rassemblée de toutes les sphères du savoir humain.

Une conséquence nécessaire de la spéculation monistique, qui ne cherche rien derrière les choses, mais qui tient la chose pour identique avec sa manifestation, c'est l'importance que l'observation a acquise aujourd'hui dans la science, et particulièrement dans les sciences naturelles. L'observation est le fondement du savoir contemporain. En dehors de l'observation on n'accorde de valeur qu'aux conclusions fondées sur elle et qui s'en déduisent nécessairement. Toute construction a priori, toute pensée en l'air vaut tout au plus comme amusement ingénieux; pour la science ce sont de vaines bagatelles.

Or, l'observation nous apprend que tous les organismes vivants, qui tombent dans le cercle où peut s'exercer une observation suffisante, se transforment d'après des lois déterminées. Ces transformations, leur vie, sont leur être propre; nous ne les connaissons que si nous connaissons la somme de ces transformations, c'est-à-dire leur être tout entier. En

---

[1] Accuser de matérialisme cette idée uniquement fondée sur l'observation, serait aussi contraire à la vérité que de l'accuser de spiritualisme.

d'autres termes : si nous ne connaissons pas comment une chose est devenue, alors nous ne connaissons pas cette chose. La conséquence nécessaire du principe de l'observation, c'est l'importance qu'ont acquise de nos jours dans les sciences naturelles l'histoire du développement et la connaissance scientifique de la vie des organismes.

La juste valeur de l'histoire du développement pour la connaissance de l'organisme individuel est reconnue sans conteste. L'histoire du développement a trouvé place d'abord en zoologie et en botanique. Lyell a, comme on sait, représenté la vie de notre planète comme une série de transformations insensibles; il a montré que l'arrivée brusque et soudaine de nouvelles phases vitales y trouve aussi peu de place que dans la vie des autres organismes naturels. Lyell, lui aussi, se réclame avant tout de l'observation. Lorsque l'observation d'une période, il est vrai très-courte, de la vie la plus récente du globe, ne nous fait voir qu'une insensible transformation, nous n'avons absolument aucun droit de supposer pour le passé une autre manière de vie. Je suis toujours parti de cette vue dans mes recherches sur la vie des langues, qui ne tombe sous l'observation immédiate que dans sa période la plus récente, et relativement très-courte. Ce court espace de temps de quelques milliers d'années nous apprend, avec une certitude incontestable, que la vie des organismes vocaux s'est écoulée dans des transformations insensibles d'après des lois déterminées, et que pour les temps les plus éloignés nous n'avons pas le droit de supposer que les choses se soient jamais passées autrement.

Darwin et ses prédécesseurs ont maintenant fait un pas de plus que les autres zoologistes et botanistes : non-seulement les individus vivent, mais aussi les espèces et les races; elles aussi sont devenues insensiblement, elles aussi sont soumises à des transformations continuelles d'après des lois déterminées. Comme tous les savants modernes, Darwin se fonde sur l'observation, bien qu'ici encore elle soit bornée dans un court espace de temps. Puisque nous pouvons éprouver réellement que les espèces ne sont pas absolument stationnaires, leur faculté de transformation est ainsi constatée, bien que dans une mesure restreinte. Une chose accidentelle en soi, comme est la brièveté de l'espace de temps dans lequel des observations utiles ont été instituées, est le motif pour lequel la transformation des espèces nous apparait comme généralement insignifiante. On n'a qu'à faire une hypothèse en harmonie avec les résultats des autres observations, et à supposer pour la présence des êtres vivants sur notre terre un grand nombre de milliers d'années, pour comprendre comment, par des transformations insensibles et continuelles, analogues à celles qui tombent réellement sous notre observation, les classes et les espèces ont pu devenir ce qu'elles sont maintenant.

La doctrine de Darwin ne me parait donc en réalité qu'une conséquence nécessaire des principes en faveur aujourd'hui dans les sciences naturelles. Elle repose sur l'observation et elle est essentiellement un essai d'histoire du développement. Ce qu'a fait Lyell pour l'histoire de la vie de la terre, Darwin l'a étendu à l'histoire de la vie de ses habitants. La théorie de Darwin est ainsi, non pas une manifestation accidentelle, non pas le produit d'une tête fantasque, mais la fille légitime de notre siècle : la théorie de Darwin est une nécessité.

Maintenant, ce que Darwin admet pour les espèces animales et végétales, vaut aussi, du moins dans les traits essentiels, pour les organismes des langues. Nous abordons enfin la démonstration de ce point, qui forme l'objet propre de ces lignes, après avoir essayé de montrer comment de nos jours les sciences d'observation, auxquelles appartient la science du langage, suivent une marche commune déterminée par certaines idées philosophiques fondamentales.

Prenons donc en main le livre de Darwin, et voyons quelles sont les idées analogues à celles de Darwin que peut fournir la science du langage.

Mais, avant tout, qu'on se souvienne que les rapports de classification sont, à la vérité, essentiellement les mêmes dans le domaine des langues et dans celui des êtres naturels, mais que les expressions dont se servent les linguistes pour les désigner différent de celles qu'emploient les naturalistes. Je prie qu'on ait toujours ceci présent à la pensée, car sur cette connaissance repose tout ce qui va suivre. Ce que les naturalistes désigneraient par le mot de classe s'appelle chez les linguistes souche de langues; les classes plus rapprochées se nomment familles de langues d'une même souche. Je ne veux pas dissimuler

que, sur la question de la stabilité des classes, les linguistes ne
sont pas moins divisés que les zoologistes et les botanistes ; je
reviendrai plus loin sur cette circonstance caractéristique qui se
renouvelle à tous les degrés de la classification. Les espèces
d'une classe sont appelées par nous langues d'une souche ;
les sous-espèces d'une espèce portent le nom de dialectes d'une
langue ; aux variétés correspondent les sous-dialectes, et enfin
aux simples individus correspond la manière particulière de parler
des hommes qui parlent les langues. Les simples individus d'une
seule et même espèce ne sont pas, comme on sait, absolument
semblables ; il en est tout-à-fait de même des individus considérés
au point de vue du langage ; la manière particulière de parler des
hommes qui parlent une seule et même langue est aussi toujours
plus ou moins fortement marquée d'une nuance individuelle.

Examinons maintenant la faculté de transformation dans
le cours du temps que Darwin attribue aux espèces, et au
moyen de laquelle, s'il arrive qu'elle n'opère pas chez tous les
individus dans la même mesure et de la même manière, plusieurs
formes sortent d'une seule forme, par un procès qui se renouvelle naturellement mainte et mainte fois : cette faculté est
depuis longtemps généralement admise pour les organismes
linguistiques. Ces langues que nous appellerions, si nous nous
servions de l'expression des zoologistes et des botanistes, les
espèces d'une classe, sont pour nous les filles d'une langue mère
commune, d'où elles sont sorties par une transformation insensible. Pour les souches de langues que nous connaissons exactement, nous composons des arbres généalogiques, comme Darwin
(p. 121) a cherché à le faire pour les espèces animales et végétales. Personne ne doute plus que le groupe tout entier des langues
indo-germaniques, l'indien, l'iranien (perse, arménien, etc...),
le grec, l'italique (latin, osque, ombrien, et toutes les langues
dérivées du latin), le celte, le slave, le lithuanien, le germain
ou allemand, que tout ce groupe qui comprend de nombreuses
espèces, sous-espèces et variétés, n'ait pris naissance d'une seule
forme mère, la langue primitive indo-germanique ; il en est de
même de la souche sémitique, à laquelle appartiennent l'hébreu,
le syriaque et le chaldéen, l'arabe etc..., et aussi généralement
de toutes les souches de langues. L'arbre généalogique de la
souche indo-germanique peut trouver place ici, et formera la

représentation du développement insensible que, selon nous, cette souche a subi[1]; qu'on le compare avec le tableau de Darwin (p. 124), mais sans perdre de vue que Darwin ne trace qu'une image idéale, tandis que nous faisons le tableau du développement d'une souche donnée[2]. Du reste il n'était pas possible de donner un tableau absolument complet; les dialectes ou variétés ne sont en général qu'indiqués; nous avons dû omettre les divisions du rameau iranien et du rameau indien.

Ce que notre tableau fait voir, on peut l'exprimer à peu près ainsi en paroles :

A une époque reculée de la vie de l'espèce humaine, il y a eu une langue que nous pouvons déduire avec assez de précision des langues indo-germaniques qui en sont dérivées[3], la langue primitive indo-germanique. Après avoir été parlée par une série de générations, série durant laquelle le peuple qui la parlait s'accrut vraisemblablement et s'étendit, elle prit peu à peu dans différentes parties de son domaine un caractère différent, si bien qu'à la fin il en sortit deux langues. Peut-être même se forma-t-il plusieurs langues dont deux seulement ont survécu et se sont développées; la même remarque s'applique aussi aux divisions ultérieures. Chacune de ces deux langues subit à diverses reprises un procès de différenciation. Une des branches, celle que nous appelons slavo-allemande, d'après ce qu'elle est devenue dans la suite, se divisa par une différenciation insensible, suivant la tendance naturelle à la divergence des caractères, comme dit Darwin, se divisa en allemand et en letto-slave; l'allemand fut la souche mère de toutes les langues allemandes ou germaniques et de leurs dialectes; le letto-slave produisit les langues slaves et les langues lithuaniennes, baltiques, lettiques. L'autre langue qui s'était développée par différenciation du sein de la langue primitive indo-germanique, la langue ario-græco-italo-celtique (qu'on me pardonne la longueur de cette expression) se divisa

1 V. le tableau ci-joint.

2 Comme ressemblant davantage au tableau de Darwin, je puis citer le tableau idéal de l'origine des espèces et des sous-espèces linguistiques du sein d'une seule forme, que j'ai esquissé dans ma « Langue Allemande, » p. 28.

3 J'ai fait cet essai, en ce qui concerne les formes grammaticales, dans mon Compendium de grammaire comparée des langues indo-germaniques, Weimar, Bœhlau, 1861-62. [2e édition, 1866.]

aussi plus tard en deux langues : l'une, la langue græco-italo-celtique, fut la mère du grec, de l'albanais et de la langue d'où sortirent plus tard le celte et l'italique et que nous appelons pour cela italo-celtique; l'autre, la langue arienne [1], produisit les langues mères de la famille indienne [2] et de la famille iranienne ou persique, très-proches parentes entre elles. Il est inutile de pousser plus loin cette traduction du tableau en paroles [3].

On peut naturellement essayer de semblables arbres généalogiques pour toutes les souches de langues, dont les rapports de parenté nous sont connus d'une façon suffisamment précise. Les langues ou les dialectes qui sont très-rapprochés, sont pour nous des divisions depuis peu existantes de la langue mère qui leur est commune; plus les langues d'une souche diffèrent entre elles, plus nous reculons l'époque de leur séparation de la forme mère commune, mettant ainsi leur différence au compte d'un long développement individuel.

Maintenant, mon cher ami, tu seras porté, et avec toi les naturalistes qui ne se sont pas occupés des choses de la linguistique, à demander d'où nous vient une telle science. Tenter pour les familles végétales et animales, que l'on connaît d'une manière assez précise, des arbres généalogiques semblables à celui qui a été proposé ici comme exemple pour une souche de langues, en partant de l'hypothèse que ces familles dérivent de formes mères antérieures, et déduire ces formes mères dans leurs traits principaux, c'est là une entreprise qui n'est pas impraticable. Mais la question est précisément de savoir si l'on peut supposer ces formes mères comme ayant réellement existé jadis. Qui vous donne, à vous linguistes, pourrais-tu me dire,

1 Les anciens Indous et les anciens Iraniens ou Perses se donnent le nom d'Ariens, d'où vient le nom dont on appelle la langue qui fut la mère commune de l'indien et de l'iranien.

2 La langue mère de la famille indienne nous a été conservée; c'est la langue dans laquelle sont composés les anciens hymnes religieux des Indous, les Védas. De cette langue sont nées, d'un côté, les langues indiennes intermédiaires, les langues pracrites et, plus tard, les langues indiennes modernes et leurs dialectes (le bengali, le mahratte, l'hindoustani et leurs alliés); d'un autre côté, une langue écrite qui ne fut jamais langue populaire, le sanscrit, la langue de la littérature postvédique, et qu'on peut appeler le latin de l'Inde, parce que, comme le latin écrit de Rome, elle est restée jusqu'à nos jours la langue des savants.

3 Pour plus de détails, voir ma « Langue Allemande », p. 71 et suiv.

le droit de présenter comme des réalités vos langues mères et
vos langues primitives que vous avez déduites des formes de
langues actuelles, et de prendre vos arbres généalogiques pour
autre chose que de pures imaginations? Pourquoi êtes-vous si
sûrs et si unanimes dans l'affirmation de la variabilité des espèces,
de la division d'une forme en plusieurs dans le cours du temps,
tandis que nous, zoologistes et botanistes, nous disputons sur
cette question, et qu'un assez grand nombre d'entre nous con-
sidèrent les espèces comme existant de toute éternité, et condam-
nent sans autre forme de procès Darwin, qui pense des espèces
animales et végétales exactement ce que vous pensez des espèces
linguistiques?

Je réponds. L'observation de ce qui concerne la naissance des
formes nouvelles du sein de formes antérieures est plus facile et
peut être instituée sur une plus grande échelle dans le domaine
de la linguistique que dans celui des organismes végétaux
et animaux. Les linguistes ont ici par exception l'avantage
sur les autres savants en sciences naturelles. Nous sommes réellement en mesure de montrer pour certaines langues, qu'elles
se sont divisées en plusieurs langues, dialectes, etc.... Il y a
notamment quelques langues et quelques familles de langues
que l'on peut observer pendant plus de deux mille ans, car
elles nous ont laissé par l'écriture une image généralement
fidèle de leurs formes primitives. C'est le cas par exemple pour
le latin. Nous connaissons le vieux latin, comme nous connaissons les langues romanes qui, soit par différenciation, soit
par influence étrangère (vous diriez par croisement), en sont
positivement dérivées; nous connaissons le vieil indien primitif,
et nous connaissons aussi les langues qui en sont dérivées et
celles qui plus tard sont nées de celles-là, les langues indiennes
modernes. Nous avons ainsi un fonds d'observation sûr et solide.
Les faits que nous présentent réellement ces langues que nous
pouvons observer pendant de si longs espaces de temps, parce
que les peuples qui les parlaient nous ont, par un heureux
hasard, livré des monuments écrits d'une époque relativement
ancienne, ces mêmes faits nous pouvons les supposer pour les
autres souches de langues qui n'ont pas laissé de semblables images
de leurs formes primitives. Nous savons ainsi nettement, par des
séries de faits observables, que les langues se transforment tant

qu'elles vivent, et ces longues séries de faits observables, nous les devons à l'écriture.

Si l'écriture était restée ignorée jusqu'à nos jours, les linguistes n'auraient jamais conçu l'idée que des langues telles par exemple que le russe, l'allemand et le français, dérivent en somme d'une seule et même langue. Peut-être alors ne serait-on jamais arrivé, si évidente que fût la ressemblance de deux ou plusieurs langues, à leur supposer une origine commune, et à admettre que la langue se transforme. Nous serions, sans l'écriture, dans une bien plus mauvaise situation que les botanistes et les zoologistes, qui ont à leur disposition des restes des formes antérieures, et auxquels leur science offre un objet plus facile à observer que les langues. Mais nous avons plus de matière observable que les autres savants en sciences naturelles, et c'est pour cela que nous sommes arrivés les premiers à nier l'origine brusque et subite des espèces. Il est possible aussi que les transformations se soient opérées dans de plus courts espaces de temps dans les langues que dans le monde animal et végétal, de sorte que les zoologistes et les botanistes seraient seulement alors dans une situation aussi favorable que la nôtre, si, du moins dans quelques classes, des séries entières de formes fossiles avaient pu venir jusqu'à nous par des échantillons parfaitement conservés, c'est-à-dire avec la peau et le poil, avec la feuille, la fleur et le fruit. Les rapports linguistiques sont ainsi comme des exemples visibles, riches d'enseignements, qui font voir l'origine des espèces du sein de formes communes : la science du langage éclaire ces domaines où manquent encore, du moins pour le moment, des cas démonstratifs de même sorte. Du reste, comme je l'ai dit, la différence de matière observable entre le monde des langues et le monde végétal et animal est une différence quantitative seulement, et non spécifique; car, comme on le sait, la faculté de transformation dans une certaine mesure est aussi un fait reconnu pour les plantes et les animaux.

De ce qui a été exposé jusqu'ici sur la différenciation d'une forme mère en plusieurs formes qui s'éloignent peu d'abord l'une de l'autre, et dont la divergence se prononce ensuite insensiblement, il résulte que dans le domaine des langues nous ne pouvons pas établir dans notre esprit des différences sûres et solides entre les expressions qui désignent les divers degrés de la différence, c'est-à-dire entre les mots de langue, dialecte, sous-dialecte. Les différences qui sont désignées par ces mots se sont formées peu à peu et rentrent les unes dans les autres; de plus, dans chaque groupe de langues, ces différences sont d'une nature particulière et conformes au génie spécial de ces langues. Ainsi, par exemple, les langues sémitiques sont entre elles dans de tout autres rapports de parenté que les langues indo-germaniques, et les rapports de parenté de ces deux groupes diffèrent encore d'une manière tout-à-fait essentielle de ceux qui se rencontrent dans les langues finnoises (finnois, lapon, magyar, etc.). On comprend ainsi qu'un linguiste n'ait jamais encore été en état de donner une définition satisfaisante de la langue en tant qu'opposée au dialecte, et ainsi de suite. Ce que nous appelons une langue, d'autres l'appellent un dialecte, et réciproquement. Le domaine si bien exploré des langues indo-germaniques justifie cette assertion. Ainsi, il y a des linguistes qui parlent de dialectes slaves, d'autres de langues slaves; on a quelquefois de même appelé du nom de dialectes les différentes langues qui forment la famille allemande. Or, il en est absolument de même des notions correspondantes : espèce, sous - espèce, variété. Darwin dit (p. 57) : « Une ligne de démarcation déterminée n'a pas pu jusqu'ici être tirée sûrement, ni entre les espèces et les sous-espèces, c'est-à-dire ces formes qui, d'après quelques naturalistes, atteignent presque, mais non tout-à-fait, le rang d'espèce, ni entre les sous-espèces et les variétés caractérisées, ni enfin entre les variétés moindres et les différences individuelles. Toutes ces différences, arrangées en série, entrent insensiblement les unes dans les autres, et la série éveille l'idée d'une continuelle et véritable transition. » Nous n'avons qu'à changer les mots d'espèce, de sous-espèce et de variété contre les mots usités en linguistique de langue, de dialecte et de sous-dialecte, et les paroles de Darwin s'appliqueront parfaitement aux différences linguistiques dans l'intérieur d'un groupe pareil à celui dont nous venons de représenter par un tableau le développement insensible

Mais maintenant, quelle est l'origine des classes, c'est-à-dire dans le domaine linguistique, comment naissent les langues mères de souches? Voyons-nous se renouveler ici le phénomène que nous observons pour les langues d'une souche? Ces langues mères sortent-elles à leur tour de langues mères communes, et celles-ci enfin sortent-elles toutes d'une langue primitive unique?

Nous résoudrions plus sûrement cette question, si, d'après les lois de la vie des langues, nous avions déjà déduit de leurs dérivés les formes mères d'un plus grand nombre de souches. Mais pour le moment rien de tel n'est encore préparé. En attendant on peut, en observant les langues qui sont à notre portée, arriver à quelque chose pour la solution du problème.

Et d'abord, la différence des souches linguistiques, sûrement reconnues comme telles, est si grande et de telle sorte, qu'un observateur sans parti-pris ne peut songer à les ramener à une origine commune. Personne, par exemple, n'est en état de se représenter une langue qui aurait pu donner naissance à l'indogermanique et au chinois, au sémitique et au hottentot; et même deux souches voisines, et jusqu'à un certain point se ressemblant dans leur essence, telles que les langues mères indo-germanique et sémitique, ne se laissent pas rapporter à une origine commune. Il nous est donc impossible de supposer la dérivation matérielle, pour ainsi parler, de toutes les langues du sein d'une langue primitive unique.

Mais il en est autrement pour ce qui concerne la morphologie du langage. Les langues les plus élevées en organisation, comme par exemple la langue mère indo-germanique que nous sommes en mesure d'inférer, montrent visiblement par leur construction qu'elles sont sorties par un développement insensible du sein de formes plus simples. La construction de toutes les langues montre que, dans sa forme primitive, cette construction était essentiellement la même que celle qui s'est conservée dans quelques langues de la construction la plus simple, comme le chinois. En un mot, toutes les langues, à leur origine, consistaient en sons significatifs, en signes phoniques simples, destinés à rendre les perceptions, les représentations et les idées; les relations des idées entre elles n'étaient pas exprimées, ou, en d'autres termes, il n'y avait pas pour les fonctions grammaticales d'expression phonique particulière, et, pour ainsi dire, d'organe. A ce degré primitif de la vie des langues, il n'y a donc, phoniquement différenciés, ni verbe ni nom, ni conjugaison ni déclinaison. Essayons de donner, du moins par un exemple, une idée claire de cet état. La plus ancienne forme des mots qui aujourd'hui en allemand s'écrivent *That*, *gethan*, *thue*, *Thæter*, *thætig*, a été, au temps originel de la langue primitive indo-germanique, *dha;* en effet, ce *dha*, qui signifie placer, faire, et qui est en vieux indien *dha*, en vieux bactrien *da*, en grec θε, en lithuanien et en slave *de*, en gothique *da*, en haut allemand *ta*, ce *dha* apparaît comme la racine commune de tous ces mots : nous ne pouvons pas montrer ici comment cela se fait, mais tout linguiste versé dans les langues indo-germaniques ratifiera notre assertion. A un degré un peu postérieur du développement de la langue indo-germanique, pour exprimer certaines relations, on répéta deux fois les racines qui faisaient encore alors fonction de mots, et on ajouta un autre mot, une autre racine; mais chacun de ces éléments était encore indépendant. Pour désigner, par exemple, la première personne du présent, on dit alors *dha dha ma*, qui devint plus tard, dans le cours de la vie de la langue, grâce à la fusion des éléments en un tout et à la faculté de transformation acquise par les racines, *dhadhámi* (vieux indien *dádhámi*, vieux bactrien *dadhámi*, grec τίθημι, vieux haut allemand *tóm, tuom* pour *tëtómi*, haut allemand moderne *thue*). Ce *dha* primitif renfermait en germe les divers rapports grammaticaux, les rapports de nom et de verbe, avec leurs modifications et leurs différences non encore développées, et telles qu'on peut les observer encore de nos jours dans les langues qui sont restées aux plus simples degrés de développement. Il en est absolument de même pour tous les mots de la langue indo-germanique que pour l'exemple qui a été choisi au hasard.

Pour toi et pour tes collègues, je puis appeler les racines des cellules linguistiques simples, dans lesquelles ne se trouvent pas encore les organes pour des fonctions telles que le nom, le verbe, etc., et dans lesquelles ces fonctions, c'est-à-dire les rapports grammaticaux, sont encore aussi peu différenciées que le sont dans la cellule primitive ou dans la vésicule germinale des êtres vivants les plus élevés, la respiration et la digestion.[1]

Nous admettons donc pour toutes les langues une origine morpho logiquement pareille. Lorsque l'homme, des gestes phoniques et des imitations de bruit eut trouvé le chemin vers les sons significatifs, il n'eut encore à sa disposition que des formes

1 Comp. C. Snell, la Création de l'Homme, Leipzig, 1863, p. 81 et suiv.

phoniques sans relations grammaticales. Mais pour ce qui regarde
le son et la signification, ces commencements si simples du langage furent différents chez les différents hommes; cela ressort de
la différence des langues qui se sont développées du sein de ces
commencements. Nous supposons par conséquent un nombre
incalculable de langues primitives, mais nous statuons pour
toutes une seule et même forme.

Quelque chose de correspondant s'est passé, suivant toute
vraisemblance, à l'origine des organismes végétaux et animaux;
la cellule simple est leur forme primitive commune, comme la
racine simple est celle des langues. Il faut supposer que les formes
les plus simples de la vie animale et végétale postérieure, les cellules, sont aussi nées en foule à une certaine période de la vie de
notre monde corporel, comme les sons significatifs simples dans
le monde des langues. Ces formes originelles de la vie organique
qui ne représentaient encore ni des plantes ni des animaux, se
sont développées plus tard dans des directions différentes. De
même aussi les racines des langues.

Comme nous pouvons observer dans les temps historiques que,
chez les hommes qui vivent dans des conditions essentiellement
égales, les langues se transforment d'une manière égale dans
la bouche de ceux qui les parlent, par une conséquence naturelle nous admettons que la langue s'est formée aussi d'une
manière égale chez des hommes vivant dans des conditions parfaitement égales. Car la méthode exposée ci-dessus par laquelle
on conclut du connu à l'inconnu, ne nous permet pas de supposer
pour les temps antéhistoriques qui se dérobent à l'observation
immédiate, des lois vitales autres que celles que nous vérifions
dans l'espace de temps accessible à notre observation.

Dans des conditions différentes les langues se sont formées
différemment, et suivant toute vraisemblance la différence des
langues est en rapport exact avec la différence des conditions
vitales des hommes. Le partage des langues sur la terre a dû
présenter ainsi à l'origine une stricte régularité; les langues voisines doivent avoir été plus semblables que les langues des
hommes qui vivaient dans des parties du monde différentes.
En partant d'un point donné et proportionnellement à l'éloignement de ce point, les langues ont dû se grouper suivant une
divergence de plus en plus forte de la langue du point de départ,

puisque avec l'éloignement géographique augmente d'habitude la différence du climat et des conditions de vie. Nous croyons pouvoir encore aujourd'hui retrouver des traces certaines de ce partage régulier des langues. Ainsi par exemple les langues américaines, les langues de l'Océanie méridionale présentent malgré toutes leurs différences un type commun incontestable. Bien plus, dans la partie du monde asiatico-européenne, dont les conditions linguistiques ont été si fortement transformées par des événements historiques, on ne peut méconnaitre des groupes de langues essentiellement semblables. Les langues indo-germaniques, finnoises, turco-tartares, mongoliques, les langues mandchoux et celles du Dekhan (tamoul, etc...) présentent toutes la construction par suffixe, c'est-à-dire que tous les éléments de formation, toutes les expressions de rapport se placent après la racine, et non avant la racine ou dans son intérieur (les exceptions, comme l'augment du verbe indo-germanique, ne sont qu'apparentes, ce qui ne peut être démontré ici d'une manière suffisamment précise; voir sur l'augment le Compendium de grammaire comparée des langues indo-germaniques, §. 292). Désignons une racine quelconque par r (*radix*), un ou plusieurs suffixes quelconques par s, les préfixes par p, les infixes par i; nous pourrons ainsi nous faire comprendre brièvement, et dire que les formes du mot dans toutes les souches de langues ci-dessus nommées peuvent être représentées par la formule morphologique rs; pour les langues indo-germaniques la formule plus particulière est $r^x s$; par r^x nous désignons une racine quelconque qui est susceptible de transformations régulières et capable de gradations en vue de l'expression des rapports, comme par exemple Band, Bund, Binde; Flug, Fliege, flog; grabe, grub; riss, reisse; ἔ-λιπ-ον, λείπ-ω, λέ-λοιπ-α, etc. D'autres langues présentent plus d'une forme de mot, les langues sémitiques par exemple connaissent les formes de mot r^x, pr^x, $r^x s$, $pr^x s$, etc. Mais malgré cette grande opposition avec les langues indo-germaniques, qui consiste nommément dans la forme pr^x, c'est-à-dire dans la construction par préfixe, les langues sémitiques s'accordent cependant avec les langues indo-germaniques, en ce qu'elles sont les unes et les autres les seules langues connues qui possèdent d'une manière certaine la forme de racine r^x. Cet accord frappant dans la construction de deux souches de langues

géographiquement voisines, nous paraît dû à des causes qui
remontent au temps de la vie tout-à-fait primitive des langues.
Les foyers d'origine des langues dont le principe de formation
est essentiellement analogue, doivent être regardés selon nous
comme voisins. De la même manière que les langues, les Flores
et les Faunes d'une seule partie du monde, présentent aussi un
type qui leur est propre.

Nous voyons dans les temps historiques des espèces et des
classes linguistiques périr peu à peu, et d'autres s'étendre à
leurs dépens. Je ne rappellerai comme exemple que l'extension
de la souche indo-germanique et la ruine des langues américaines. Dans les temps antéhistoriques, lorsque les langues
étaient encore parlées par des populations relativement faibles,
il y avait lieu, dans une mesure incomparablement plus grande,
à la mort des formes linguistiques. Puisque les langues les
plus élevées en organisation, les langues indo-germaniques,
par exemple, existent depuis longtemps déjà, comme cela
résulte de leur haut développement, de la sénilité de leurs
formes actuelles, et de la lenteur avec laquelle en général
les langues se transforment, il s'ensuit que la période de la vie
antéhistorique des langues, doit avoir été beaucoup plus longue
que celle qui est représentée par les temps historiques. N'oublions
pas que nous ne connaissons les langues que depuis le moment
où les peuples qui les parlaient se sont servis de l'écriture. Nous
devons donc supposer pour ces faits de disparition de certains
organismes linguistiques, et de troubles survenus dans les conditions primitives, un très-long espace de temps, une période
comprenant peut-être plusieurs fois dix mille ans [1]. Dans ces longs
espaces de temps, suivant la plus haute vraisemblance, il a
péri beaucoup plus de classes de langues qu'il n'en a survécu.
Ainsi s'explique aussi la possibilité de la grande extension de
quelques souches, comme celle des langues indo-germaniques,
des langues finnoises, des langues malayes, des langues de
l'Afrique du sud, qui maintenant se sont richement différenciées
sur une large étendue de pays. Darwin admet aussi de semblables
événements pour le monde végétal et animal, et il appelle cela le
combat pour l'existence. Une multitude de formes organiques

1 Comp. mon livre intitulé la Langue allemande, p. 44 et suiv.

ont dû périr dans ce combat, et faire place à un nombre relativement petit de formes privilégiées. Laissons Darwin parler lui-
même. Il dit (p. 350 et suiv.) : « Les espèces dominantes des
grands groupes prédominants, tendent à laisser beaucoup de
descendants modifiés, et il se forme ainsi des sous-groupes et
des groupes nouveaux. A mesure que ceux-ci naissent, les
espèces des groupes moins forts, par suite de l'imperfection
dont elles ont hérité, inclinent ensemble vers la ruine, sans laisser
nulle part sur la surface de la terre, une postérité modifiée. Mais
l'extinction complète d'un groupe d'espèces peut souvent former
un procès très-lent, lorsque quelques espèces parviennent à
survivre péniblement pendant de longs espaces de temps, dans
des lieux défendus ou fermés (pour les langues ce cas se rencontre
dans les montagnes, je rappellerai comme exemple le basque des
Pyrénées, qui est le reste d'une langue évidemment répandue
jadis sur de vastes contrées; il en est de même au Caucase et
ailleurs). L'orsqu'un groupe est une fois éteint, il ne peut pas
reparaître de nouveau, parce qu'un membre est rompu dans la
série des générations.

« On comprend ainsi que l'extension des formes prédominantes,
qui sont précisément celles qui se différencient le plus, peuplent
avec le temps la terre de formes très-proches parentes entre elles,
quoique modifiées; et ces formes parviennent habituellement
à prendre la place des groupes d'espèces qu'elles ont vaincus
dans le combat pour l'existence. »

On n'a pas besoin de changer un seul mot à ces paroles de
Darwin pour les appliquer aux langues. Darwin, dans ces lignes,
peint brièvement et parfaitement les errements des langues dans
leur combat pour l'existence. Dans la période présente de la vie
de l'humanité ce sont surtout les langues de la souche indo-germanique qui sont les victorieuses; elles sont continuellement en voie
d'extension, et elles ont déjà conquis le domaine d'un grand nombre d'autres langues. Leur arbre généalogique tracé ci-dessus
témoigne de la maltitude de leurs espèces et sous-espèces.

Par suite de l'extinction complète de certaines langues,
beaucoup de formes intermédiaires ont péri, les migrations des
peuples ont troublé les rapports primitifs des langues, de sorte
qu'aujourd'hui il n'est pas rare que des langues de forme très-
différente apparaissent comme géographiquement voisines, sans

que l'on retrouve entre elles les membres intermédiaires. Ainsi nous voyons maintenant le basque entouré de toutes parts, comme une île linguistique, par les langues indo-germaniques dont il diffère entièrement. Darwin dit absolument la même chose des rapports du monde animal et végétal.

Voilà à peu près, mon cher collègue et ami, ce qui m'est venu à l'esprit en étudiant ce Darwin que tu admires tant et dont tu défends et répands la doctrine avec tant de zèle, ce qui, comme je viens de l'apprendre, t'a attiré la colère des journaux zélés pour la foi. Il est clair que ce sont seulement les traits principaux de la théorie de Darwin qui trouvent leur application dans les langues. Le domaine des langues diffère trop du monde végétal et animal, pour que toutes les particularités des vues de Darwin leur soient applicables.

Mais l'origine des espèces linguistiques par une différenciation insensible, et la conservation des organismes les plus élevés dans le combat pour l'existence, n'en sont que plus incontestables. Les deux points principaux de la théorie de Darwin partagent ainsi avec quelques autres notions importantes le privilége de se vérifier dans un domaine où on ne les avait pas pris d'abord en considération [1].

[1] P. 426, Darwin dit quelques mots des langues, et il présume avec raison que leurs rapports de parenté doivent offrir une confirmation de sa doctrine.

DE L'IMPORTANCE DU LANGAGE

POUR

L'HISTOIRE NATURELLE DE L'HOMME.

Les considérations qui suivent ont été exposées ici même, à Iéna, devant un cercle particulier, avec quelques additions et éclaircissements que j'ai présentés au fur et à mesure qu'ils étaient amenés. Si je publie maintenant ce court exposé, c'est principalement parce que je m'y suis efforcé d'écarter une objection qui a été élevée plusieurs fois contre mon petit écrit « La théorie de Darwin et la science du langage, Weimar 1863. » On m'a en effet contesté le droit de traiter les langues comme des êtres réels de la nature, ayant une existence matérielle, ainsi que je les avais présentés sans autre preuve dans mon opuscule. Démontrer qu'elles sont bien telles, c'est là avant tout le but des pages qui vont suivre. Elles peuvent donc être regardées comme un complément à l'écrit ci-dessus nommé. Comme je ne puis pas supposer que cet écrit se trouve dans les mains de tous ceux qui liront les présentes pages, j'ai dû y répéter quelque chose de ce que j'y ai dit.

Iéna, fin décembre 1864.

Il serait difficile de nos jours à un naturaliste de douter que la fonction d'un organe quelconque, de l'appareil digestif, des glandes, du cerveau, des muscles, ne dépende de la constitution de cet organe. La manière de marcher des divers animaux, par exemple, ou même les diverses manières de marcher des divers individus de l'espèce humaine, sont évidemment déterminées par la différence dans la constitution des parties du corps qui servent à la marche.

La fonction, l'activité de l'organe n'est, pour ainsi dire, qu'une manifestation de l'organe même, bien que le scalpel et le microscope de l'observateur ne parviennent pas toujours à montrer les causes matérielles de chaque manifestation. Or, il en est précisément du langage comme de la marche. Le langage est la manifestation perceptible à l'oreille, de l'activité d'un ensemble de conditions qui se trouvent réalisées dans la conformation du cerveau et des organes de la parole, ainsi que de leurs nerfs, de leurs os et de leurs muscles [1]. Sans doute le principe matériel du langage et de ses diversités n'a pas encore été démontré anatomiquement, mais aussi on n'a pas entrepris encore, que je sache, l'observation comparative des organes du langage chez les peuples qui parlent diverses langues. Il est possible, peut-être même vraisemblable, qu'une telle recherche ne conduirait à aucun résultat satisfaisant; mais la théorie que la forme du langage dépend de certaines conditions matérielles n'en saurait être ébranlée. Qui voudrait, en effet, nier l'existence de tant de rapports matériels qui se sont jusqu'ici dérobés à la vérification immédiate, et qui jamais peut-être ne seront l'objet de l'observation directe? Des forces minimes et des causes infiniment petites produisent souvent des effets singulièrement importants : qu'on se souvienne seulement des apparences spectrales, de la couleur et du parfum des fleurs, de l'effet, qui se fait sentir à des générations entières, des spermatozoïdes fécondants, etc.... Peut-être les différences de langage sont-elles aussi l'effet de différences infiniment petites dans la constitution du cerveau et des organes de la parole [2].

Quoi qu'il en soit, puisque nous ne connaissons pas, pour le moment du moins, les principes matériels du langage, il nous

1 Cette pensée n'est pas nouvelle. Elle a déjà été exprimée par Lorenz Diefenbach, Éléments d'ethnologie, Francfort-sur-le-Mein, 1864, p. 40 et suivantes. Voyez aussi la note suivante.
2 Comp. Th. H. Huxley, Recherches sur la place de l'homme dans la nature, traduit par J. V. Carus. Brunswick 1863, page 117, note.

faut considérer seulement les effets de ces principes, et traiter le langage comme les chimistes traitent le soleil, dont ils étudient la lumière, ne pouvant étudier la source même de cette lumière.

Le son que perçoit l'oreille est au langage ce que, pour continuer notre comparaison, la lumière est au soleil; et comme la constitution de la lumière, la constitution du son témoigne d'un principe matériel dont il émane. Les principes matériels du langage et l'effet sensible de ces principes sont entre eux dans le rapport d'une cause et de son effet, de l'être et de sa manifestation; un philosophe dirait : ils sont identiques. Nous nous regardons par suite comme autorisés à voir dans le langage un phénomène vraiment matériel, bien que nous ne puissions ni le saisir avec les mains ni le voir avec les yeux, et qu'il soit seulement perceptible à l'oreille.

Je crois avoir, par ces considérations, répondu au reproche qu'on m'a fait plusieurs fois de considérer faussement l'organisme du langage comme une réelle existence, tandis qu'il ne serait que le résultat d'une fonction.

Toutefois, avant de chercher à montrer en quoi ceci peut servir à l'histoire naturelle de l'homme, j'ai encore à combattre une objection contre la matérialité du langage, objection qui, peut-être, s'est déjà présentée à l'esprit de maint lecteur, et qui est tirée de la possibilité d'apprendre les langues étrangères.

Si le langage dépend réellement d'une certaine constitution du cerveau et des organes de la parole, comment peut-on s'approprier une ou plusieurs langues en dehors de sa langue maternelle? Je pourrais à cela, me rapportant à la comparaison de la marche dont je me suis déjà servi, répondre en peu de mots, que l'on peut apprendre à marcher sur ses quatre membres, ou même sur les mains seulement, sans que personne doute que notre marche naturelle ne soit déterminée par la constitution de notre corps et n'en soit une pure manifestation. Mais examinons d'un peu plus près l'objection tirée de la possibilité d'apprendre les langues étrangères.

D'abord, la question est de savoir si l'on peut jamais s'approprier une langue étrangère d'une manière parfaite. J'en doute, et je l'accorde tout au plus pour le cas où, dans le très-jeune âge, l'on a changé sa langue maternelle contre une autre. Mais alors on devient justement un autre homme; le cerveau et les

organes de la parole se forment sur un plan différent. Qu'on ne
me dise pas qu'un tel parle et écrit avec une égale facilité l'allemand, l'anglais, le français, etc. Premièrement je conteste le
fait; mais, même le fait admis, étant accordé qu'un individu
puisse être en même temps allemand, français, anglais, je fais
observer que toutes les langues indo-germaniques appartiennent
à une seule et même famille, et que d'un point de vue élevé,
elles apparaissent comme les variétés d'une seule et même langue.
Mais qu'on me montre l'homme qui pense et parle avec une
égale perfection en allemand et en chinois, dans les langues de
la Nouvelle-Zélande et en Chéroquis, ou en Arabe et en Hottentot, ou en quelques langues que ce soit qui diffèrent essentiellement. Je ne pense pas qu'il puisse se trouver un tel homme,
pas plus qu'un même individu n'est en état de se mouvoir avec
une facilité et une commodité égales sur ses deux pieds et sur
ses quatre membres : ne nous est-il pas souvent impossible d'é-
mettre les sons particuliers des langues étrangères, ou même de
les percevoir par l'oreille avec justesse et précision ? Jusqu'à un
certain point sans doute, nos organes sont souples et capables de
développer des facultés qui ne leur appartiennent pas de naissance; cependant, il y a une certaine fonction qui sera et restera
toujours leur fonction naturelle. Il en est ainsi des organes dont
le langage est la fonction. De la possibilité de s'approprier avec
plus ou moins de perfection les langues étrangères, on ne peut
donc tirer aucune objection contre le principe matériel du langage, que nous trouvons dans le cerveau et dans les organes de
la parole.

Si donc nous avons le droit de considérer le langage comme
une existence réelle et matérielle, ce résultat donne d'abord une
signification plus essentielle et plus profonde à l'observation
d'après laquelle le langage, et (si du moins l'on s'en rapporte
aux recherches bien connues de Huxley) le langage seul distingue
l'homme des anthropoïdes qui l'avoisinent, gorille, chimpanzé,
orang et gibbon [1]. Le langage, c'est-à-dire l'expression de la
pensée par les mots, est le seul caractère spécifique de l'homme.
L'animal possède aussi des signes phoniques, et à un certain

1 Th. H. Huxley, recherches sur la place de l'homme dans la nature,
traduit par J. V. Carus, Brunswick, 1863, p. 127

point de vue des signes phoniques très-développés, pour l'expression immédiate de ses sentiments et de ses désirs, et par ces signes, comme au moyen de signes d'une autre sorte, il peut s'établir une communication de sentiments entre les animaux. Il est vrai aussi que l'expression de la sensation peut éveiller des pensées chez les autres. C'est pour cela que l'on parle du langage des animaux. Mais la faculté d'exprimer immédiatement la pensée par le son, aucun animal ne la possède. Et c'est là le vrai sens du mot langage. Cela est si vrai, que sans aucun doute, un singe doué de la faculté du langage ou même un animal complètement différent de l'homme par ses caractères extérieurs, nous semblerait un homme s'il parlait. On sait que les sourds et muets possèdent en puissance la faculté du langage, aussi bien que les hommes qui parlent effectivement. En d'autres termes, le cerveau et les organes de la parole sont conformés chez eux dans ce qu'ils ont d'essentiel comme chez les individus dont les organes auditifs sont sains. S'il n'en était pas ainsi, ils ne pourraient apprendre ni à écrire ni à parler. Au contraire les hommes arrêtés dans leur développement et vraiment dépourvus du langage, les microcéphales et autres, ne doivent pas être considérés comme des hommes complets, comme de vrais hommes, car il leur manque non-seulement le langage, mais la faculté même du langage.

Si le langage est le caractère spécifique, κατ' ἐξοχήν, de l'humanité, cela suggère la pensée que le langage pourrait bien servir de principe distinctif pour une classification scientifique et systématique de l'humanité, et former la base d'un système naturel du genre homme.

Combien peu sont constants la conformation du crâne et les autres signes distinctifs des races! Le langage, au contraire, est un caractère parfaitement constant. Il peut arriver qu'un Allemand puisse le disputer pour les cheveux et le prognathisme avec la tête de nègre la plus caractérisée, mais il ne parlera jamais parfaitement une langue nègre. Le peu d'importance de ce qu'on appelle les signes distinctifs des races ressort de cette observation, que des hommes appartenant à une seule et même souche de langues, peuvent présenter des particularités de race différentes. C'est ainsi que le Turc osmanli, qui ne mène pas la vie nomade, appartient à la race caucasique, tandis que les tribus turques appelées tartares, présentent le type mongolique. D'un autre côté le Magyar et le Basque, par exemple, ne diffèrent pas essentiellement par leurs caractères physiques des Indo-Germains, tandis qu'au point de vue du langage, Magyars, Basques et Indo-Germains sont très-éloignés les uns des autres. Et même, leur instabilité mise à part, les prétendus signes distinctifs des races pourraient difficilement se ramener à un système naturel scientifique. Les langues se prêtent bien plus aisément à une classification naturelle, surtout si l'on considère leur côté morphologique. Ce n'est pas ici le lieu d'insister davantage sur ce point. A nos yeux, la conformation extérieure du cerveau, de la face et du corps est beaucoup moins importante pour l'homme, que cette constitution non moins matérielle, mais infiniment plus délicate, dont le langage est la manifestation. Le système naturel des langues est, suivant moi, le système naturel de l'humanité. Comme la plus haute activité de l'homme est très-étroitement liée au langage, celle-ci trouvera l'appréciation qui lui est due, dans une classification ayant le langage pour base.

Que la conformation du cerveau et la forme crânienne déterminée par le cerveau, soient très-importantes, même pour le langage, je ne le conteste en aucune manière. J'ai encore moins l'intention de mettre en doute la haute importance des recherches exactes sur les différences anatomiques de l'homme ; je veux seulement mettre en question le droit de ces différences à servir de base pour une classification de l'humanité actuellement vivante. Il est permis de classer les animaux d'après leur apparence morphologique : quant à l'homme, la forme extérieure nous semble en quelque sorte un moment aujourd'hui dépassé et plus ou moins insignifiant pour sa propre et véritable essence. Pour la classification de l'homme, nous avons besoin d'un critère plus délicat, plus élevé, plus exclusivement particulier à l'homme. Ce critère nous le trouvons dans le langage.

Le langage ne nous paraît pas seulement important pour la construction d'un système naturel scientifique de l'humanité, telle qu'elle se montre maintenant à l'observation, mais encore pour l'histoire de son développement. Nous venons de voir que c'est surtout le langage qui distingue l'homme comme tel, et que, par conséquent, les divers degrés du langage doivent être considérés comme les signes caractéristiques des divers degrés de l'homme (j'évite ici à dessein et pour des motifs qu'on verra bientôt, les expressions de genre, d'espèce ou de variété). Mais le langage se montre clairement à l'observation scientifique comme une chose qui s'est formée lentement et successivement, et qui n'a pas toujours existé. L'anatomie comparée des langues fait voir que les langues les plus élevées en organisation, se sont développées du sein d'organismes de langues très-simples, d'une manière tout à fait insensible et vraisemblablement dans le cours de très-longs espaces de temps; la glottique ne trouve du moins rien qui contredise cette hypothèse, que les manières les plus simples d'exprimer la pensée par le son, que les langues de la construction la plus simple sont sorties insensiblement de gestes phoniques et de sons imitatifs, pareils à ceux que possèdent aussi les animaux. Il serait trop long d'approfondir ici ce point ; je crois d'ailleurs que ce ne sont pas les sciences naturelles actuelles qui seraient tentées d'adresser à ces vues de la glottique le reproche d'invraisemblance.

Quant aux idées d'après lesquelles le langage aurait été l'invention d'un seul ou aurait été communiqué à l'homme du dehors, je crois bien pouvoir m'épargner la peine de les réfuter. Le langage que, même pendant la courte période de la vie historique de l'humanité, nous saisissons dans un perpétuel changement, est pour nous le produit d'un lent devenir, s'opérant d'après des lois déterminées et que nous sommes en état de montrer dans leurs traits essentiels. D'ailleurs, du moment que nous trouvons dans la constitution matérielle de l'homme le principe de son langage, nous sommes obligés d'admettre que le développement du langage a marché du même pas que le développement du cerveau et des organes de la parole.

Mais, si c'est le langage qui fait l'homme, nos premiers ancêtres n'ont pas été dès l'origine ce que nous appelons aujourd'hui hommes, et ils ne sont devenus tels qu'avec la formation du langage. Or, pour nous, la formation du langage ne signifie pas autre chose que le développement du cerveau et des organes de la parole. Ainsi donc les résultats de la glottique nous conduisent très-décidément à l'hypothèse d'un développement insensible de l'homme du sein des formes inférieures, hypothèse à laquelle, comme on le sait, l'histoire naturelle de nos jours est arrivée aussi, et par un chemin très-différent. C'est pourquoi, le langage pourrait être d'une grande utilité pour l'histoire naturelle, spécialement pour l'histoire du développement de l'homme. Mais l'observation et l'analyse des langues nous donnent aussi des résultats directs qui conduisent à des vues plus précises sur les temps primitifs de notre espèce.

Les langues qui ont été analysées jusque dans leurs éléments les plus simples, et celles qui sont restées aux plus simples degrés de développement, montrent que la forme la plus ancienne des langues a été partout essentiellement la même. Ce qu'on trouve de plus ancien dans les langues, ce sont des sons pour désigner les perceptions et les idées. De l'expression des rapports (distinction des diverses espèces de mots, déclinaison, conjugaison), il n'est pas encore question ; tout cela se montre comme une chose qui est arrivée plus tard, et à laquelle plusieurs langues ne sont pas parvenues du tout, comme aussi toutes n'ont pas atteint ce point de développement d'une manière également parfaite. C'est ainsi, pour citer seulement un exemple, qu'il n'y a encore aujourd'hui en chinois aucune différence phonique entre les diverses espèces de mots ; et de toutes les langues qui me sont connues, je n'ai trouvé que dans les langues indo-germaniques de vrais verbes opposés aux noms. [1] Au point de vue morphologique, mais à ce point de vue seulement, toutes les langues sont, d'après les résultats auxquels nous sommes arrivés, essentiellement semblables à l'origine : au contraire, ces commencements ont dû être très-différents pour le son, comme pour les idées et les perceptions que le son était appelé à rendre, et comme aussi pour la faculté de développement contenue déjà dans ces origines. Car il est positivement impossible de ramener toutes les langues à une langue primitive unique. L'étude faite sans préjugés donne autant de langues primitives qu'on peut distinguer de souches de langues. Mais, dans le cours des temps, des langues périssent, il n'en naît pas de nouvelles, ce qui a eu lieu seulement pendant cette période où l'homme devenait homme. Durant les périodes évidemment très-longues qui ont précédé l'histoire

---

[1] Voyez mon mémoire intitulé La Distinction du nom et du verbe selon leur forme phonique, Leipzig, 1865. (Extrait des mémoires de la section de philologie et d'histoire de la société royale des sciences de Saxe).

proprement dite, il est très-vraisemblable qu'un nombre incalculable de langues a péri, pendant que d'autres dépassaient de beaucoup leur domaine primitif, et se différenciaient en une grande variété de formes. Nous devons donc admettre un nombre indéterminé, mais considérable de langues primitives.

Quant à la vie postérieure des langues, nous la connaissons en partie par une vue immédiate. Ces mêmes lois vitales que nous observons réellement, nous les acceptons aussi comme valables, dans leurs traits essentiels, pour les époques qui échappent à l'observation immédiate, et par conséquent, pour l'origine première des langues qui peut être considérée elle-même comme un simple devenir. Or, puisque nous voyons, dans la vie postérieure des langues, parmi les hommes qui vivent dans des conditions sensiblement égales, les transformations de la langue s'opérer spontanément d'une manière égale et uniforme, chez tous les individus qui la parlent, nous pouvons en conclure que, chez des êtres vivant dans des conditions égales, par conséquent les uns près des autres, il a dû se développer en tous les individus un seul et même idiome. Et, plus les conditions extérieures au milieu desquelles les hommes passaient à l'état d'homme, étaient différentes, plus différentes aussi devaient être leurs langues.

Malgré le trouble apporté dans les conditions primitives, pendant les temps historiques et certainement aussi durant les périodes incomparablement plus longues qui ont précédé l'histoire, par des causes de toute sorte, les migrations, les guerres, les accidents naturels, on peut encore aujourd'hui reconnaître que les langues de toute une partie du monde ont, à côté de leurs différences, un caractère uniforme, aussi bien que les flores et les faunes de tout un continent. Cela est vrai surtout des langues des aborigènes du Nouveau-Monde, et en particulier, du groupe de langues de l'Océanie du sud (les langues malaises et polynésiennes, et les langues jusqu'ici connues des nègres australiens). Dans ces vastes contrées apparaît une remarquable uniformité des langues, sans que pour cela on puisse les faire sortir toutes d'une langue mère. Les langues de l'Asie et de l'Europe, qui, au point de vue philologique, ne forment qu'une seule partie du monde, ont été brouillées dans un grand pêle-mêle, vraisemblablement par suite de l'éveil précoce de la vie historique dans cette région. Et malgré cela on peut encore y reconnaître les traces d'un type commun dans des groupes entiers de diverses souches de langues [1].

L'origine des formes linguistiques sur la terre, c'est-à-dire le développement de l'organe qui produit le langage, paraît d'après cela dépendre de certaines conditions déterminées. Nous avons lieu de présumer que dans des contrées voisines et sensiblement pareilles, des langues semblables sont nées indépendamment les unes des autres, et que dans d'autres parties de la surface de la terre des types différents de langues se sont développés. Ces sortes de conclusions, que nous fournit l'observation des langues pour une certaine période du développement de l'humanité, pourraient bien ne pas être indignes de l'attention des naturalistes de nos jours, quand même on ne serait pas porté à accorder au langage et à son principe matériel dans l'organisation du corps humain, cette haute importance que nous osons réclamer pour lui.

Pour terminer cet essai, nous ajouterons seulement que l'origine et le développement du langage appartiennent à une période antérieure à l'histoire proprement dite. Ce qu'on appelle l'histoire ou la vie historique, ne remplit jusqu'aujourd'hui qu'une petite portion du temps pendant lequel l'homme a vécu, déjà homme. Dans cette période historique, nous voyons seulement des langues vieillies, quant à la forme et quant au son, d'après des lois organiques déterminées. Les langues que nous parlons maintenant, sont comme celles de tous les peuples qui ont une importance historique, des types de langues séniles. Les langues des peuples qui ont eu un développement historique, autant du moins que nous pouvons les connaître, et par conséquent aussi l'organe anatomique du langage chez les peuples qui les parlent, sont depuis longtemps plus ou moins en proie à une métamorphose de décadence. La formation du langage et la vie historique ne se rencontrent pas ensemble dans le courant de la vie de l'humanité.

Il nous est donc peut-être permis de diviser la vie parcourue jusqu'ici par l'espèce humaine en trois grandes périodes de développement, qui se succèdent d'un cours insensible et n'ont pas lieu partout en même temps. Ces périodes sont : 1° La

1 Voyez ci-dessus, page 16 et suiv.

période du développement de l'organisme corporel dans ses traits essentiels, période qui, suivant toute vraisemblance, a été incomparablement plus longue que la période suivante, et que nous ne considérons ici qu'en bloc pour abréger ; 2º La période du développement du langage ; 3º La période de la vie historique, au commencement de laquelle nous sommes encore, et où plusieurs peuples de la terre ne paraissent pas encore entrés.

Et maintenant, de même que nous pouvons voir certains peuples, les races indiennes du nord de l'Amérique par exemple, rendus impropres à la vie historique rien que par la complexité infinie de leurs langues dont les formes sont véritablement pullulantes, et condamnés par conséquent à la décadence et même à la destruction, de même aussi il est hautement vraisemblable que des organismes en voie d'arriver à l'humanité n'ont pas pu se développer jusqu'à la formation du langage. Une partie de ces organismes est restée en chemin, n'est pas entrée dans notre seconde période de développement, et, comme tout ce qui s'arrête ainsi, est tombée dans la décadence et dans une ruine graduelle. Ce qui reste de ces êtres demeurés sans langage et arrêtés dans leur développement sans pouvoir arriver jusqu'à l'humanité, forme les anthropoïdes. Et qu'il me soit permis de terminer, par cette vue sur les favoris de l'histoire naturelle de nos jours, ces rapides considérations sur l'importance du langage pour l'histoire naturelle de l'homme.

Planche 1.

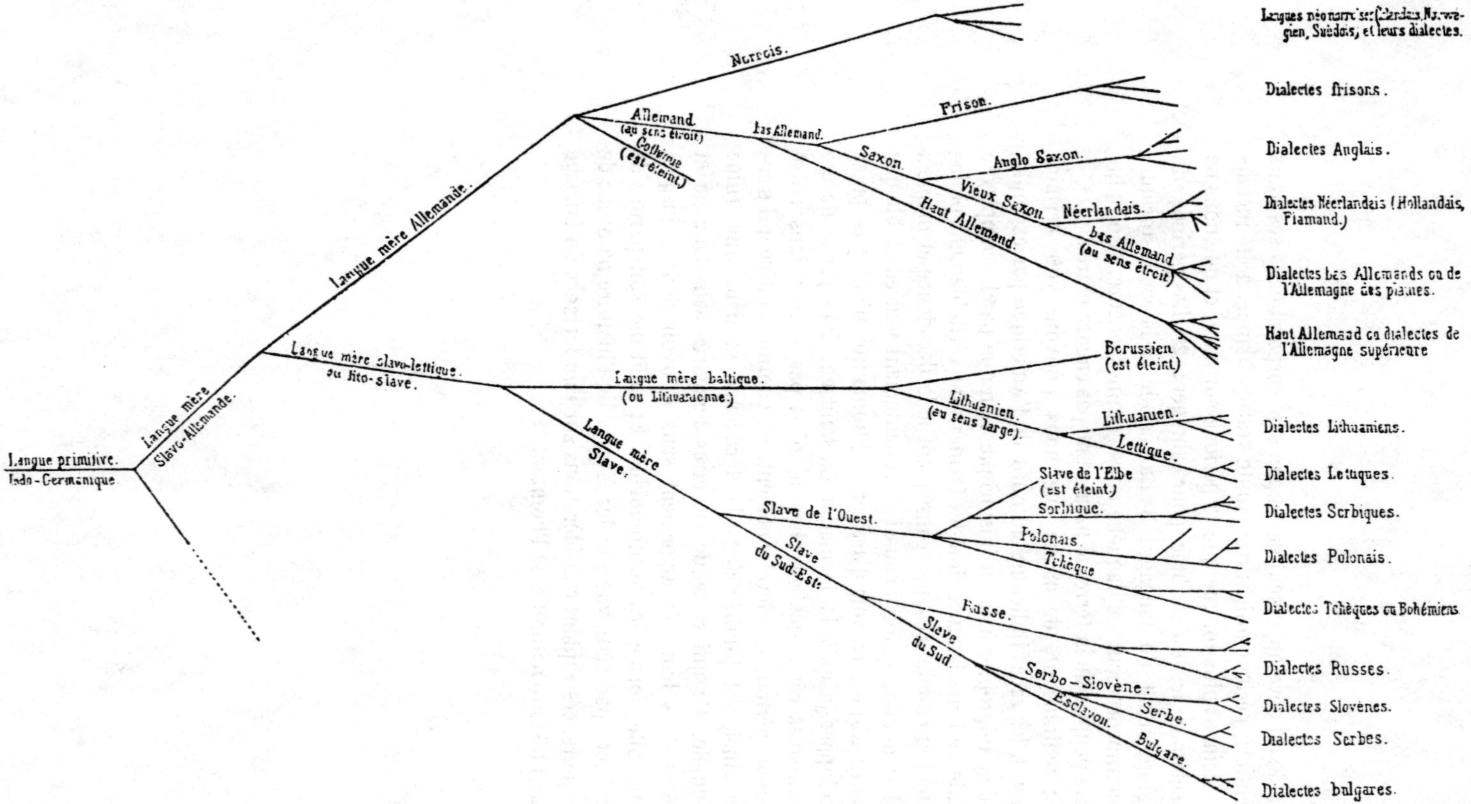

Langues nouvelles dir (Scandina. No-wa-
gien, Suédois, et leurs dialectes.

Dialectes frisons.

Dialectes Anglais.

Dialectes Néerlandais (Hollandais,
Flamand.)

Dialectes les Allemands ou de
l'Allemagne des plaines.

Haut Allemand ou dialectes de
l'Allemagne supérieure

Dialectes Lithuaniens.

Dialectes Lettiques.

Dialectes Serbiques.

Dialectes Polonais.

Dialectes Tchèques ou Bohémiens.

Dialectes Russes.

Dialectes Slovènes.

Dialectes Serbes.

Dialectes bulgares.

Norrois.

Frison.

Anglo Saxon.

Néerlandais.

Vieux Saxon.

bas Allemand
(au sens étroit.)

Haut Allemand.

Saxon.

Ito Allemand.

Allemand
(au sens étroit.)

Gothique.
(est éteint.)

Borussien
(est éteint.)

Lithuanien.

Lettique.

Lithuanien.
(au sens large.)

Slave de l'Elbe
(est éteint.)

Sorbique.

Polonais.

Tchèque.

Russe.

Slave
du Sud.

Serbo-Slovène.

Serbe.

Esclavon.

Bulgare.

Langue mère baltique.
(ou Lithuacienne.)

Slave de l'Ouest.

Slave
du Sud-Est.

Langue mère.
Slave.

Langue mère Allemande.

Langue mère slawo-lettique.
ou lito-slave.

Langue mère
Slavo-Allemande.

Langue primitive.
Indo-Germanique.

Planche 2.

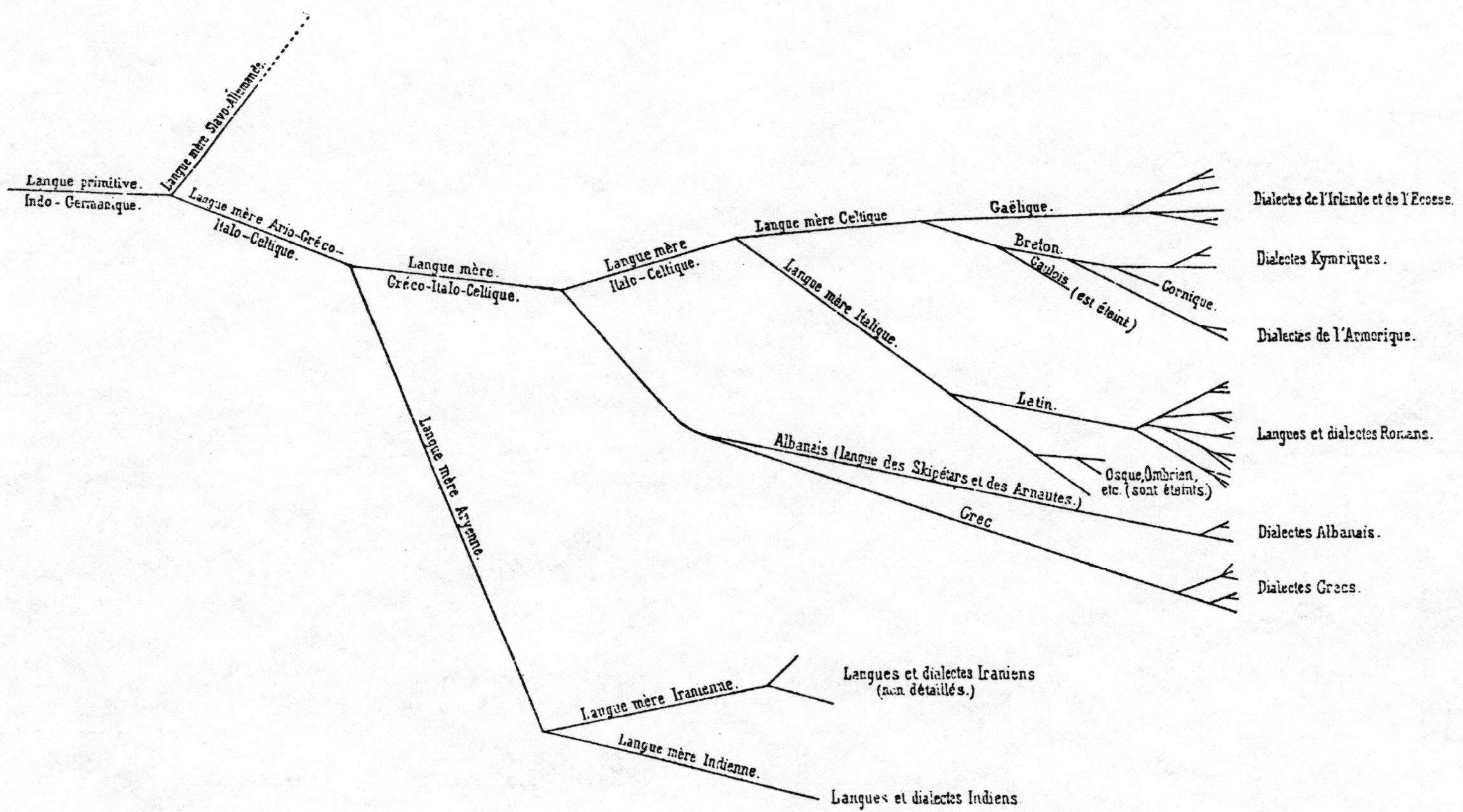

Langue primitive Indo - Germanique.

Langue mère Slavo-Allemande.

Langue mère Ario-Gréco-Italo-Celtique.

Langue mère Gréco-Italo-Celtique.

Langue mère Aryenne.

Langue mère Italo-Celtique.

Langue mère Celtique.

Langue mère Italique.

Gaëlique.

Breton.

Gaulois (est éteint)

Cornique.

Latin.

Osque, Ombrien, etc. (sont éteints)

Albanais (langue des Skipétars et des Arnautes.)

Grec.

Langue mère Iranienne.

Langue mère Indienne.

Langues et dialectes Iraniens (non détaillés.)

Langues et dialectes Indiens

Dialectes de l'Irlande et de l'Ecosse.

Dialectes Kymriques.

Dialectes de l'Armorique.

Langues et dialectes Romans.

Dialectes Albanais.

Dialectes Grecs.

BIBLIOGRAPHIES

BIBLIOGRAPHIE

La bibliographie qui suit est empruntée à celle qui a été établie par Joachim Dietze dans un recueil publié en 1962 par l'Académie de Berlin (Sitzungsberichte der sächsischen Akademie der Wissenschaften zu Leipzig. Philologisch-historische Klasse. Band 107. Heft 5 : Rudolf Fischer : «August Schleicher zur Erinnerung, mit einem Diskussionsbeitrag von Joachim Müller und einer Bibliographie von Joachim Dietze»). Cette bibliographie comprenait également les ouvrages consacrés à la vie et à l'oeuvre de Schleicher.

Nous reproduisons seulement ici, en traduisant les mentions explicatives nécessaires à une bonne resituation des textes, la liste complète des travaux du linguiste allemand.

ABREVIATIONS

Abhandlungen d. königl. sächs. Gesellschaft d. Wiss. : Abhandlungen der königlich
-sächsischen Gesellschaft der Wissenschaften.
Abt. : Abteilung
allg. : allgemein
Anz. : Anzeige
Aufl. : Auflage
Ausz. : Auszug
Bd. : Band
Beitr. : Beiträge zur vergleichenden Sprachforschung auf dem Gebiete der arischen,
keltischen und slavischen Sprachen.
bericht., verm. u. teilw. umgearb. Auflage : berichtigte, vermehrte und teilweise
umgearbeitete Auflage.
Bl. : Blätter
CCM : Casopis Ceského Museum.
d. : der, die, das (aux différents cas)
dass. : dasselbe
Dr. : Doktor
erste vollst. Ausg. m. Glossar : erste vollständige Ausgabe mit Glossar.
f. : für
F. : Folge
Gen. sg. : Genitiv singular
ges. u. übers. : gestellt und übersetzt
Griech. : Griechisch
hrsg. v. : herausgegeben von
Hr(n) : Herr(n)
imp. : impérial
inf. act. : infinitif actif
inf. pass. : infinitif passif
Jg. : Jahrgang
Kaiserl. Akademie d. Wiss. : kaiserliche Akademie der Wissenschaften.
k. k. : kaiserlich-königlich
kleinere Schriften sprachwiss., geschichtl., ethnograph. u. rechtshist. Inhalts : kleinere Schriften sprachwissenschaftlichen, geschichtlichen, ethnographischen und
rechtshistorischen Inhalts.
königl. böhm. Gesellschaft d. Wiss. : königlich-böhmische Gesellschaft der Wissenschaften.
KK : Zeitschrift für vergleichende Sprachforschung auf dem Gebiete des Deutschen, Griechischen und Lateinischen (später : ... auf dem Gebiete der indigerma-
nischen Sprachen), begründet von Adalbert Kuhn.
n. F. : neue Folge
Nr. : Nummer
phil. Diss. : philosophische Dissertation
Rez. : Rezension

S. : Seite
s. auch : siehe auch
s. da : siehe da
Sign. : Signatur
Skr. : Sanskrit
Sp. : Spalte
t. : tome
T. : Teil
u. : und
u. d. Tit. : unter dem Titel
ursp. : ursprünglich
verb. u. verm. Aufl. : verbesserte und vermehrte Auflage
vgl. : vergleichen
ZdL : Zeitschrift für deutsche Landwirte
ZöG : Zeitschrift für die österreichischen Gymnasien
z. T. : zum Teil

OEUVRES DE AUGUST SCHLEICHER

Schleicher a écrit anonymement dans les journaux ou publications périodiques qui suivent, sans qu'il ait été cependant possible de découvrir ses communications ou contributions isolées :

Kölnische Zeitung. 1848/1849.
Allgemeine Zeitung. Augsburg. 1848/1849.
Literarisches Zentralblatt. Insbesondere 1852.

I. Monographies, articles, contributions, etc.

1844/1845

Laut Allg. Deutsche Biographie 31. 1890, S. 403 Beiträge in: Zeitschrift für Deutschlands Hochschulen. Heidelberg 1844/1845.
Korrespondenzen aus Bonn S. 21–23. 52. 160.
Ein Wort an die den Corps opponierenden Vereine S. 61–63.
Das Lateinische auf den deutschen Hochschulen S. 119/120.

1846/1847

Meletematon Varronianorum specimen I.
Bonn 1846. 36 S.
Bonn, Phil. Diss. vom 10. 1. 1846.

1848

Zur vergleichenden *Sprachengeschichte.*
Bonn 1848. VIII, 166 S.
(Schleicher: Sprachvergleichende Untersuchungen. 1.)

1849

O *infinitivě* a supinum w jazyku slowanském.
In: ČČM. 23. 1849, Sv. 3, S. 153–157.

(Il semble qu'en peu de temps, Schleicher ait appris le tchèque au point d'avoir pu rédiger lui-même cet article dans la langue. Comp. aussi Abhandlungen d. Königl. Böhm. Gesellschaft d. Wiss. F. 5, Bd. 6. 1851. Sektionsberichte S. 29.)

Z čeho povstaly polohłásky ъ, ь a co jim odpovídá v litevském jazyku. Bonn 31. Oktober 1849.

[Handschrift von eigener Hand. 23 S. = 12. Bl. Besitz: Universitätsbibliothek Leipzig, Nachlaß G. Curtius.]

1850

O spisovnej češtině. Odevřený list cizozemského linguisty Čechoslovanovi.

Bonn: Adolph Marcus 1850.

[Bei Breitkopf und Härtel in Leipzig gedruckt und an P. J. Koubek oder A. Vaniček gerichtet.]

Die *Sprachen* Europas in systematischer Übersicht.

Bonn 1850. X, 270 S.

(Schleicher: Linguistische Untersuchungen. 2.)

Dass. in *französischer* Übersetzung: Les Langues de l'Europe moderne. Traduit de l'allemand par Hermann Ewerbeck.

Paris 1852. VIII, 319 S.

Über böhmische *Grammatik*, mit Berücksichtigung der vorhandenen ausführlichen böhmischen Grammatiken.

In: ZöG. 1. 1850, S. 725–756.

Über die *Leistungen* des Hrn. Dr. Roth auf dem Gebiete der ältesten Sanskritliteratur.

In: Zeitschrift f. d. Kunde des Morgenlandes. 7. 1850, S. 83–90.

Über den *Wert* der Sprachvergleichung.

In: Zeitschrift f. d. Kunde des Morgenlandes. 7. 1850, S. 25–47.

(Leçon inaugurale à Bonn du 27. 6. 1846.)

1851

Über die *Stellung* der vergleichenden Sprachwissenschaft in mehrsprachigen Ländern. Eine Rede beim Antritte der neuerrichteten Lehrkanzel der vergleichenden Sprachwissenschaft und des Sanskrit.

Prag 1851. 24 S.

Über die wechselseitige *Einwirkung* von Böhmisch und Deutsch.

In: Archiv f. d. Studium der neueren Sprachen und Literaturen. Bd 9. Jg. 6. 1851, S. 38–42.

Über böhmische *Grammatik*, mit Berücksichtigung der böhmischen Grammatiken für Deutsche.

In: ZöG. 2. 1851, S. 269–310.

1852

Die *Formenlehre* der kirchenslawischen Sprache.
Bonn 1852. XXIV, 376 S.

Briefe an den Sekretär über die Erfolge einer nach Litauen unternommenen wissenschaftlichen Reise.
In: Sitzungsberichte d. Kaiserl. Akademie d. Wiss. Wien. Philos.-histor. Klasse. 9. 1852, S. 524–558.

Germanisch und Slawisch.
In: KZ. 1. 1852, S. 141–144.

Über v ⟨-ov-, -ev-⟩ vor den Kasusendungen im Slawischen.
In: Sitzungsberichte d. Kaiserl. Akademie d. Wiss. Wien. Philos.-histor. Klasse. 8. 1852, S. 194–210.

1853

O *jazyku* litevském, zvláště ohledem na slovanský.
In: ČČM. 27. 1853, S. 320–334.
[Vgl. Abhandlungen d. Königl. Böhm. Gesellschaft d. Wiss. F. 5, Bd 8. 1854. Sitzungsberichte S. 39/40.]

Lituanica.
In: Sitzungsberichte d. Kaiserl. Akademie d. Wiss. Wien. Philos.-histor. Klasse. 11. 1853, S. 76–156.

Die ersten *Spaltungen* des indogermanischen Urvolkes.
In: Allgemeine Monatsschrift f. Wissenschaft u. Literatur. 1853, S. 786/787.
[Vgl. Abhandlungen d. Königl. Böhm. Gesellschaft d. Wiss. F 5, Bd 9. 1857. Sitzungsberichte S. 52.]

1854

Eigentümliche grammatische *Endungen* im Althochdeutschen. Ausz. einer glossierten Handschrift des Prudentius.
In: Die deutschen Mundarten. 1. 1854, S. 264–267.

Über böhmische *Personennamen.*
In: Allgemeine Monatsschrift f. Wissenschaft u. Literatur. 1854, S. 399–404.

1855

Kurzer *Abriß* der Geschichte der slawischen Sprache.
In: Österreichische Blätter f. Literatur u. Kunst. Beilage zur Wiener Zeitung. 1855, Nr. 19 u. Beitr. 1. 1858, S. 1–27 u. 2. 1861, S. 257–260.

Dass. überarbeitet und erweitert in *russischer* Übersetzung: Kratkij očerk doistoričeskoj žizni severovostočnogo otdela indogermanskich jazykov. 1865, s. da.

Dass. überarbeitet in *serbokoratischer* Sprache: RUVARAC, Kosta: Kratki nacrt povesnice slovenskog jezika⟨po Šlajheru⟩.
In: Letopis Matice srpske. 103. 1861, S. 70–81.

Über *Einschiebungen* vor den Kasusendungen im Indogermanischen.
In: KZ. 4. 1855, S. 54–60.

Das *Futurum* im Deutschen und Slawischen.
In: KZ. 4. 1855, S. 187–197.
[Vgl. Abhandlungen d. Königl. Böhm. Gesellschaft d. Wiss. F. 5, Bd 9. 1857. Sitzungsberichte S. 34.]

Litauisch und Altitalisch.
In: KZ. 4. 1855, S. 240.

Die Wurzel skr. *mâ* deutsch mat.
In: KZ. 4. 1855, S. 399/400.

Wuotan. θεός.
In: KZ. 4. 1855, S. 399.

Zusammenstellung von Spracherscheinungen, die sich nicht aus dem Gotischen herleiten lassen.
In: KZ. 4. 1855, S. 266–270.

1856/1857

Handbuch der litauischen Sprache. 1. 2.
Prag 1856–1857.
1. Litauische Grammatik. 1856. XVII, 342 S.
2. Litauisches Lesebuch u. Glossar. 1857. XIV, 351 S.

Litauische *Märchen*, Sprichworte, Rätsel und Lieder. Ges. u. übers. Weimar 1857. IX, 244 S.

(Il s'agit de la traduction allemande du volume second du Manuel de la langue litua-nienne.)

Auhns, açmantam, kamna.
In: Kz. 5. 1856, S. 400.

Brechung vor r und h und mehrfacher Umlaut des a und â in der nord-fränkischen Mundart der Stadt Sonneberg am Südabhange des Thüringer Waldes.
In: KZ. 6. 1857, S. 224–230.

1858

Volkstümliches aus Sonneberg im Meininger Oberlande.
Weimar 1858. XXV, 152 S.
2. Aufl. Sonneberg 1894.

Die *a-i-Reihe* im Deutschen.
In: KZ. 7. 1858, S. 221–223.

Das *Auslautsgesetz* des Altkirchenslawischen ⟨Altbulgarischen⟩ und die
Behandlung ursprünglich vokalischen Anlautes in der genannten
Sprache.
In: Beitr. 1. 1858, S. 401–426. 508.

Bier.
In: KZ. 7. 1858, S. 224/225.

ě als i-Vokal im Althochdeutschen.
In: KZ. 7. 1858, S. 224 u. 11. 1862, S. 52.

Ersatz des inf. pass. durch den inf. act.
In: Beitr. 1. 1858, S. 505.

Zur litauischen *Grammatik.*
In: Beitr. 1. 1858, S. 499/500.

Ist das Altkirchenslawische altslowenisch?
In: Beitr. 1. 1858, S. 319–327.

p == k im Lateinischen.
In: KZ. 7. 1858, S. 320.

Eine *Parallele* zu dem im Persischen angehängten Pronomen i.
In: Beitr. 1. 1858, S. 504.

Das *participium* praesentis und futuri activi im Irischen.
In: Beitr. 1. 1858, S. 503.

Präsens von Wurzel bhû mittels d gebildet.
In: Beitr. 1. 1858, S. 505.

Das *Pronomen* lit. szi, slaw. sI = got. hi, Grundf. ki.
In: Beitr. 1. 1858, S. 48/49.

Die *Stellung* des Keltischen im indogermanischen Sprachstamme.
In: Beitr. 1. 1858, S. 437–448.

-tě ⟨d. i.-tai⟩ als Endung des Infinitivs im Litauischen.
In: Beitr. 1. 1858, S. 27–29.

Umschreibung des kyrillischen Alphabets in lateinische Schrift.
In: Beitr. 1. 1858, S. 30–32.

Die *Ursprünglichkeit* von î und û im Indogermanischen.
In: Beitr. 1. 1858, S. 328–333.

Verba passiva und verba causalia.
In: Beitr. 1. 1858, S. 498/499.

Verba perfecta und imperfecta.
In: Beitr. 1. 1858, S. 500–502 u. 2. 1861, S. 126/127.

Einverleibende *Verbalformen.*
In: Beitr. 1. 1858, S. 502/503.

Ein *Zischlaut* vor und nach gutturalem Wurzelauslaute im Litauischen.
In: Beitr. 1. 1858, S. 49/50.

Žmů.
In: Beitr. 1. 1858, S. 396–398.

Zwei, Zweifel.
In: Beitr. 1. 1858, S. 499.

1859

Kurzer *Abriß* der Geschichte der italischen Sprachen ⟨des Lateinischen und seiner Schwestersprachen⟩.
In: Rheinisches Museum f. Philologie. N. F. 14. 1859, S. 329–346.

Zur *Morphologie* der Sprache. 38 S.
In: Mémoires de l'Académie Imp. des sciences de St.-Pétersbourg. Sér. 7, t. 1. 1859, Nr. 7.
Nachtrag dazu u. d. Tit.: Zur Morphologie der Sprachen.
In: Beitr. 2. 1861, S. 460–463.

Der *Perfektstamm* im Lateinischen.
In: KZ. 8. 1859, S. 399/400.

1860

Die deutsche *Sprache.*
Stuttgart 1860. VII, 340 S.
2. verb. u. verm. Aufl., hrsg. v. Johannes Schmidt. 1869.
3. Aufl. 1874.
4. Aufl. 1879.
5. Aufl. 1888.

ou = eu im Lateinischen.
In: KZ. 9. 1860, S. 372.

1861

Compendium der vergleichenden Grammatik der indogermanischen Sprachen. 1. 2.
Weimar 1861–1862. IV, 764 S.

2. bericht., verm. u. teilw. umgearb. Aufl. **1866**.
3. bericht. u. verm. Aufl. **1870**.
4. Aufl. **1876**.

Dass. in *englischer* Übersetzung: Indo-European, Sanskrit etc.:
Compendium. 1. 2.
London 1874–1877.

Dass. in *italienischer* Übersetzung: Compendio di grammatica comparativa dello antico indiano, greco ed italico e lessico delle radici indoitalico-greche di Leone Meyer. Traduz. di Dom. Pezzi.
Torino 1869. 12, LXXX, 600 S.

Dass. in *russischer* Übersetzung: Sravnitel'naja grammatika indoevropejskich jazykov. Perevod Dmitrija Lavrenka. 1.
Voronež 1866. II, 28 S. Dieses Fragment erschien als Beilage zu den Filologičeskie zapiski. T. 4, vyp. 2/3. 1865.

Einige *Beobachtungen* an Kindern.
In: Beitr. 2. 1861, S. 497/498 u. 4. 1865, S. 128.

Sprachliche *Curiosa*.
In: Beitr. 2. 1861, S. 391–393 u. 5. 1868, S. 208/209.

ě.
In: Beitr. 2. 1861, S. 122–124.

Der gotische *gen. sg.* der u- und i-Stämme.
In: KZ. 10. 1861, S. 80.

Giltinė'.
In: Beitr. 2. 1861, S. 129.

Grûserich.
In: KZ. 10. 1861, S. 79.

Die beiden *Instrumentale* des Indogermanischen.
In: Beitr. 2. 1861, S. 454–459.

Ein *Lautgesetz* des Mittelhochdeutschen.
In: KZ. 10. 1961, S. 160.

Das *Litauische* in Curtius Griech. Etymologie.
In: Beitr. 2. 1861, S. 124–126.

Zur *Morphologie* der Sprachen.
In: Beitr. 2. 1861, S. 460–463 [s. auch unter 1859].

Semitisch und Indogermanisch.
In: Beitr. 2. 1861, S. 236–244.

Sprachwissenschaft, Glottik.
In: Beitr. 2. 1861, S. 127/128.

Wurzeln auf -a im Indogermanischen.
In: Beitr. 2. 1861, S. 92–99.

1862

hvei-la, και-ϱός, ča-šŭ.
In: KZ. 11. 1862, S. 318.

Ein *Kulturbild* aus der indogermanischen Urzeit.
In: Die Gartenlaube. 1862, S. 475/476.

πάσχω, μίσγω.
In: KZ. 11. 1862, S. 319.

-*s-âm-s,* Suffix des gen. pl. in der indogerm. Ursprache.
In: KZ. 11. 1862, S. 319/320.

Der *Ziehkarst.*
In: ZdL. N. F. 13. 1862, S. 110–112.

1863

Die Darwinsche *Theorie* und die Sprachwissenschaft. Offenes Sendschreiben an Herrn Dr. Ernst Haeckel . . .
Weimar 1863. 29 S.
2. u. 3. Aufl. 1873.

Dass. in *englischer* Übersetzung: Darwinism tested by the Science of
Language. Translated, with preface and additional notes, by Alex.
V..W. Bikkers.
London 1869.

Dass. in *französischer* Übersetzung: La théorie de Darwin et la science
du langage. De l'importance du langage pour l'histoire naturelle de
l'homme. Trad. par M. de Pommayrol. Avec un avant propos de M.
Michel Bréal.
Paris 1868. VI, 31 S.
(Collection philologique. 1.)

Dass. in *russischer* Übersetzung: Teorija Darvina v primenenii k
nauke o jazyke.
S.-Peterburg 1864.

Dass. in *ungarischer* Übersetzung: Darwin és a nyelvtudomány. Ford.
Edelspacher Antal.
Budapest 1878. 44 S.

Das *Ansichsein* in der Sprache.
In: Beitr. 3. 1863, S. 282–288.

bhujámi.
In: Beitr. 3. 1863, S. 248–250.

Oskisch *deiraum*, lettisch deevatees.
In: KZ. 12. 1863, S. 399/400.

Die *Genusbezeichnung* im Indogermanischen.
In: Beitr. 3. 1863, S. 92–96.

Zur *Jamskultur*.
In: ZdL. N. F. 14. 1863, S. 109–112.

Der wirtschaftliche *Kulturstand* des indogermanischen Urvolkes.
In: Jahrbücher für Nationalökonomie u. Statistik. 1. 1863, S. 401–411.

Dass. in *russischer* Übersetzung: Kul'tura pervobytnogo indogerman-
skogo naroda.
In: Zagraničnyj vestnik. Žurnal inostrannoj lit., nauki i žizni. 3. 1864.
S. 32–39.

Laut Allg. Deutsche Biographie 31. 1890, S. 415 Berichte über den Garten-
bauverein zu Jena in: Deutsche Gartenzeitung. Organ der vereinigten
Gartenbaugesellschaften ... 1. 1863, S. 61/62. 110. 143. 215. 398/399.

1864

Kittfalztüren bei Kanalheizung.
In: Deutsche Gartenzeitung. Organ der vereinigten Gartenbaugesellschaften ... 2. 1864, S. 37/38. 52.

Über *Strophe* 76 der Nibelunge Nôt.
In: Symbola philologorum Bonnensium in honorem Friderici Ritschelii
collecta. 1. Leipzig 1864, S. 283–236.

Die Darwinsche *Theorie* und die Tier- und Pflanzenzucht.
In: ZdL. N. F. 15. 1864, S. 1–11.

1865

Über die *Bedeutung* der Sprache für die Naturgeschichte des Menschen.
Weimar 1865. 29 S.

Dass. in *russischer* Übersetzung: O značenii jazyka dlja estestvennoj
istorii čeloveka. Kratkoe čtenie.
In: Filologičeskie zapiski. T. 7, vyp. 1. 1868, Priloženie.

Dass. in *ungarischer* Übersetzung: A nyelvészet és a termeszettudo-
mányok. Ford. Edelspacher Antal.
Budapest 1878. 23 S.
[Die russische Übersetzung stammt von Schleicher selbst; es soll auch
eine französische Übersetzung dieser Schrift geben, die jedoch nicht
ermittelt werden konnte.]

Kratkij *očerk* doistoričeskoj žizni severovostočnogo otdela indoger-
manskich jazykov.
S.-Peterburg 1865. 64 S.
(Zapiski Imperat. Akademii nauk. T. S. Priloženie 2.)

Bhaga.
In: Beitr. 4. 1865, S. 359.
Spirans für Media im Auslaute.
In: KZ. 14. 1865, S. 400.
Die *Unterscheidung* von Nomen und Verbum in der lautlichen Form.
In: Abhandlungen d. Königl. Sächs. Gesellschaft d. Wiss. 10. 1865.
Philolog.-histor. Klasse. 4,5, S. 497–587.
-vo, va = urspr. -sja als Endung des gen. sg.
In: Beitr. 4. 1865, S. 127/128.
Vorwort zu SCHMIDT, Johannes: Die Wurzel ak im Indogermanischen.
Weimar 1865, S. III–X.

1866

Schleicher u. Izmail Ivanovič SREZNEVSKIJ: *Mnenija* o slovare slav-
janskich narečij.
S.-Peterburg 1866. 48 S.
(Sbornik statej čitannych v Otdelenii russkogo jazyka i slovesnosti
Imperat. Akademii nauk. T. 1, Nr. 2) und in: Zapiski Imperat. Aka-
demii nauk. T. 9, kn. 1. 1866, S. 206–245.
[Der Beitrag Schleichers trägt den Sondertitel „Vseslavjanskij slovař",
im Sbornik S. 1–5 u. in den Zapiski S. 206–210.]
Temy imen čislitel'nych ⟨količestvennych i porjadočnych⟩ v litvo-
slavjanskom i nemeckom jazykach.
S.-Peterburg 1866. 69 S.
(Zapiski Imperat. Akademie nauk. T. 10. Priloženie 2.)

1867

Sklonenie osnov na -u- v slavjanskich jazykach.
S.-Peterburg 1867. 19 S.
(Zapiski Imperat. Akademii nauk. T. 11. Priloženie 3.)

1868

Lit. *-ai* = griech. -ĭ, umbr. -ei (-î, -ê).
In: Beitr. 5. 1868, S. 113/114.
KUHN, Adalbert u. Schleicher: Franz *Bopp* [Nachruf].
In: Beitr. 5. 1868, S. 479–483 u. KZ. 17. 1868, S. 156–160.

Sprachwissenschaftliche *Desiderata*.
In- Beitr. 5. 1868, S. 109–112.

Eine *Fabel* in indogermanischer Ursprache.
In: Beitr. 5. 1868, S. 206–208.

Got. *manags*, altbulg. mъnogъ.
In: Beitr. 5. 1868, S. 112/113.

Ein *Rest* des Imperfekts in der russischen Umgangssprache.
In: Beitr. 5. 1868, S. 209.

1869

Indogermanische *Chrestomathie*. Schriftproben und Lesestücke mit
erklärenden Glossaren zu A. Schleichers Compendium der vergle:-
chenden Grammatik der indogermanischen Sprachen. Bearb. von
H. Ebel, A. Leskien, J. Schmidt u. A. Schleicher. Nebst Zusätzen u.
Berichtigungen zur 2. Aufl. d. Compendiums hrsg. von A. Schleicher.
Weimar 1869. VII, 387 S.

Postum

Ob-jasnitel'naja i sravnitel'naja *étimilogija* cerkovno-slavjanskogo
jazyka. Perevod N. Gromova.
In: Filologičeskie zapiski. 18. 1879, vyp. 2. S. 1–30. Vyp. 3, S. 31–54.
Vyp. 4/5, S. 55–102. [Unvollendet im Druck, geschrieben 1852.]

Laut- und Formenlehre der polabischen Sprache. (Hrsg. von August
Leskien.)
St. Petersburg u. Riga 1871. XIX, 353 S.

Über die *Verschiedenheit* des menschlichen Sprachbaues.
[Handschrift von fremder Hand, offensichtlich autorisiert durch
Schleichers Namenszug auf dem Titelblatt. 54 S. = 27 Bl. Besitz:
Thüringische Landesbibliothek Weimar, Sign. Q 202.]

II. Analyses et comptes rendus

1. Informations bibliographiques

Programm des k. k. Gymnasium zu Jičín 1851. Jahresbericht des
k. k. Gymnasiums zu Pilsen für 1850/51.
In: ZöG. 2. 1851, S. 836–839 u. 840/841.

Wissenschaftliche *Zeitschriften* der Slawen in Österreich.
In: Allgemeine Monatsschrift f. Wissenschaft u. Literatur. 1851, Juli-
Dezember, S. 217–230.

Schleicher u. Heinrich BONITZ: *Jahresbericht* des k. k. Gymnasiums zu Pisek 1850—51.
In: ZöG. 3. 1852, S. 76—78.

Miklosichs neueste *Arbeiten.*
In: Beitr. 1. 1858, S. 380—385.

Neuere sprachwissenschaftliche *Werke* auf dem Gebiete des Slawischen und Lettischen.
In: Beitr. 2. 1861, S. 118—122.

Verhandlungen, Mitteilungen und Resultate des Erfurter Gartenbauvereins. N. F. 1. Berlin 1862.
In: ZdL. N. F. 13. 1862, S. 348/349.

Die literarischen *Gaben* bei der XXV. Versammlung deutscher Land- und Forstwirte zu Dresden.
In: ZdL. N. F. 16. 1865, S. 344—347. [Mit großer Wahrscheinlichkeit von Schleicher verfaßt.]

Die neuesten *Hilfsmittel* für das Studium der obersorbischen Sprache.
In: Beitr. 5. 1868, S. 245—248.

Die *Sprachwissenschaft* in Kroatien.
In: Beitr. 5. 1868, S. 475/476.

Die *Sprachwissenschaft* in Polen.
In: Beitr. 5. 1868, S. 248—250.

V. I. Dahls [Dal'] russisches *Wörterbuch* und einige andere neuere russische Werke.
In: Beitr. 5. 1868, S. 117—124.

Eine sprachwissenschaftliche *Zeitschrift* in Rußland [Filologičeskie zapiski. 4. 5.]
In: Beitr. 5. 1868, S. 244/245.

2. Analyses et comptes rendus particuliers

ABLES, W.: Gedanken über Natur- und Wortpoesie der russischen Sprache. Berlin 1861.
Rez. in: Beitr. 3. 1863, S. 382—384.

Illustrierte *Bibliothek* des landwirtschaftl. Gartenbaues. Abt. 2. H. Jäger: Der praktische Gemüsegärtner. 2. Aufl. 1—3. Leipzig 1863.
Rez. in: ZdL. N. F. 14. 1863, S. 124—127.

Slavische *Bibliothek.* 2. Wien 1858.
Rez. in: Beitr. 1. 1858, S. 378—380.

BIELENSTEIN, A.: Handbuch der lettischen Sprache. 1. Mitau 1863.
Rez. in: Beitr. 4. 1865, S. 122–127.

BIELENSTEIN, A.: Die lettische Sprache nach ihren Lauten und Formen. 1.
Berlin 1863.
Rez. in: Beitr 4. 1865, S. 360–365.

BOPP, F.: Über die Sprache der alten Preußen in ihren verwandt-
schaftlichen Beziehungen. Berlin 1853.
Rez. in: Beitr. 1. 1858. S. 107–116.

BOSSE, I. F. W.: Vollständiges Handbuch der Blumengärtnerei. 3. Aufl.
1–3. Hannover 1859–1861.
Rez. in: ZdL. N. F. 13. 1862, S. 158/159.

BUSLAEV, F. I.: Istoričeskaja grammatika russkogo jazyka. Izd. 2.
Č. 1. 2. Moskva 1863.
Rez. in: Beitr. 4. 1865, S. 368/369.

CURTIUS, G.: Sprachvergleichende Beiträge zur griechischen und
lateinischen Grammatik. 1. Berlin 1846.
Rez. in: Rheinisches Museum f. Philologie. N. F. 5. 1847, S. 266–275.

CURTIUS, G.: Grundzüge der griechischen Etymologie. 1. Leipzig 1858.
Rez. in: Beitr. 2. 1861, S. 124–126.

DANIČIĆ, Đ.: Rječnik književnih starina srpskih. A–K. Beograd 1863.
Rez. in: Beitr. 4. 1865. S. 251/252.

DANIČIĆ, D.: Srbska sintaksa. 1. Beograd 1858.
Rez. in: Beitr. 2. 1861, S. 247.

DIEFENBACH, L.: Vorschule der Völkerkunde und der Bildungsgeschichte.
Frankfurt/M. 1864.
Rez. in: Beitr. 4. 1865, S. 373–377.

DUONELAITIS, K.: Christian Donaleitis litauische Dichtungen. Erste
vollst. Ausg. m. Glossar von A. Schleicher. St. Petersburg 1865. Nachträgliche Bemerkungen 1867.
Anz. in: Beitr. 5. 1868, S. 127/128. 380.

FISCHER, K.: Anleitung zur Erziehung und Pflege des Weinstocks am
Spalier. Berlin 1861.
Rez. in: ZdL. N. F. 13. 1862, S. 157.

FÖRSTER, K. F.: Der vollständigste immerwährende Wand-, Garten-
kalender zum bequemen Gebrauch für Gärtner und Gartenfreunde.
Leipzig 1861.
Rez. in: ZdL. N. F. 14. 1863, S. 156.

GABELENTZ, H. C. v.: Über das Passivum. Leipzig 1860.
Rez. in: Beitr. 3. 1863, S. 126–128.

GABLENZ, H. v.: Sprachwissenschaftliche Fragmente. 1. Leipzig 1859.
Rez. in: Beitr. 2. 1861, S. 245/246.

Der ländliche *Gartenbau*. 2. Aufl. Meinigen 1862.
Rez. in: ZdL. N. F. 15. 1864, S. 222/23.

GIL'FERDING, A.: Ostatki slavjan na južnom beregu Baltijskogo morja.
S.-Peterburg 1862.
Rez. in: Beitr. 4. 1865, S. 120–122.

GIL'FERDING, A.: O srodstve jazyka slavjanskogo s sanskritskim.
S.-Peterburg 1853. (Izvestija vtorogo otdel. Imp. Akad. nauk. Priloženie 2.)
Rez. in: Beitr. 1. 1858, S. 265/266.

GRUNER, J. G.: Vollständige Anweisung zum Gartenbau. 2. Aufl.
Leipzig 1862.
Rez. in: ZdL. N. F. 14. 1863, S. 155/156.

HANNEMANN, F.: Der landwirtschaftliche Gartenbau. Breslau 1861.
Rez. in: ZdL. N. F. 13. 1862, S. 157/158.

HATTALA, M.: Srovnávací mluvnice jazyka českého a slovenského.
Praha 1857.
Rez. in: Beitr. 1. 1r. 1858, S. 245–255.

HATTALA, M.: Zvukosloví jazyka staro- i novo-českého a slovenského. 1.
Praha 1854.
Rez. in: ZöG. 5. 1854, S. 480–482.

HEYNE, M.: Kurze Grammatik der altgermanischen Sprachstämme
Gotisch, Althochdeutsch, Altsächsisch, Angelsächsisch, Altfriesisch,
Altnordisch. 1. Paderborn 1862.
Rez. in: KZ 12. 1863, S. 151–155.

HOMER: Homérowa Odyssea. Přeložena od A. Lišky. 2 vyd. Praha 1848.
Rez. in: ZöG. 1. 1850, S. 428–435.

HORNAY, W.: Ursprung und Entwicklung der Sprache. 1. Berlin 1858.
Rez. in: Beitr. 1. 1858, S. 495/496.

JÄGER, H.: Illustriertes allgemeines Gartenbuch. Leipzig u. Berlin 1864.
Rez. in: ZdL. N. F. 15. 1864, S. 220–222.

JUŠKEVIČ, J.: Zapiska o knige A. Šlejchera „Handbuch der litauischen
Sprache. Prag 1856." In: Izvestija vtorogo otdel. Imp. Akademii nauk.
5. 1857. S.-Peterburg.
Rez. in: Beitr. 1. 1858, S. 263–265.

KOPITAR, J.: Kleinere Schriften sprachwiss., geschichtl., ethnograph.
u. rechtshistor. Inhalts. Wien 1857.
Rez. in: Beitr. 1. 1858, S. 376/377.

KVĚT, F. B.: Kratičká mluvnice řečká pro začátečníky. Praha 1851.
Rez. in: ZöG. 2. 1851, S. 144–147.

LIEBICH, R.: Die Zigeuner in ihrem Wesen und in ihrer Sprache.
Leipzig 1863.
Rez. in: Beitr. 4. 1865, S. 247/248.

MEYER, F. K.: Die noch lebenden keltischen Völkerschaften, Sprachen
und Literaturen in ihrer Geschichte und Bedeutung. Berlin 1863.
Rez. in: Beitr. 4. 1865, S. 113/114.

MIKLOSICH, F.: Die Bildung der Nomina im Altslovenischen. In: Denk-
schriften der Kaiserl. Akademie d. Wiss. Wien. Philos.-histor. Klasse. 9.
1859, S. 135–232.
Rez. in: Gelehrte Anzeigen der Königl. Bayerischen Akademie d. Wiss.
48. 1859, Sp. 57–63. 65–69.

MIKLOSICH, F.: Die Bildung der slavischen Personennamen. Wien 1860.
Rez. in: Beitr. 2. 1861, S. 480–482.

MIKLOSICH, F.: Chrestomathia palaeoslovenica. Wien 1861.
Rez. in: Beitr. 4. 1865, S. 117.

MIKLOSICH, F.: Die slavischen Elemente im Rumunischen. Wien 1861.
Rez. in: Beitr. 3. 1863, S. 245–248.

MIKLOSICH, F.: Formenlehre der altslovenischen Sprache. 2. Aufl.
Wien 1854.
Rez. in: Beitr. 1. 1858, S. 116–124.

MIKLOSICH, F.: Die Fremdwörter in den slavischen Sprachen. Wien
1867.
Rez. in: Beitr. 5. 1868, S. 375/376.

MIKLOSICH, F.: Lexicon palaeoslovenico-graeco-latinum. Wien 1862–
1865.
Rez. in: Beitr. 3. 1863, S. 378–381. 4. 1865, S. 116/117. 5. 1868,
S. 115–117.

MIKLOSICH, F.: Die nominale Zusammensetzung im Serbischen. Wien
1863.
Rez. in: Beitr. 4. 1865, S. 117–120.

MIKUCKIJ, S. P.: Otčety vtoromu otdeleniju Imp. Akademii nauk o
filologičeskom putešestvii po zapadnym krajam Rossii. In: Izvestija
vtorogo otdel. Imp. Akademii nauk. 2–4. 1855–1856. S.-Peterburg.
Rez. in: Beitr. 1. 1858, S. 233–245.

MÜLLER, Friedrich: Reise der österreichischen Fregatte Novara um die
Erde in den Jahren 1857, 1858, 1859 . . . Linguistischer Teil. Wien 1867.
Rez. in: Beitr. 5. 1868, S. 376–380.

114

NEPOS, Cornelius: Kornelia Nepota životopisy znamenitých vůdcův vojenských . . . Přeložil Kristian Stefan. Praha 1851.
Rez. in: ZöG. 2. 1851, S. 392–394.

ORTH, M. K.: Über die böhmische Deklination, im Schulprogramm des Gymnasiums zu Komótau (1854/55).
Rez. in: ZöG. 7. 1856, S. 285.

PETTERS, I.: Über die Ortsnamen Böhmens, im Schulprogramm des Gymnasiums zu Pisek (1854/55).
Rez. in: ZöG. 7. 1856, S. 285/286.

PUYDT, P. E. DE: Theoretische und praktische Anleitung zur Kultur der Kalthaus-Pflanzen. Hamburg 1862.
Rez. in: ZdL. N. F. 14. 1863, S. 123/124.

RAUMER, R. V.: Der regelmäßige Lautwandel zwischen den semitischen und indoeuropäischen Sprachen. . . Erlangen 1863.
Rez. in: Beitr. 4. 1865, S. 120.

RAUMER, R. V.: Herr Prof. Schleicher in Jena und die Urverwandtschaft der semitischen und indoeuropäischen Sprachen. Frankfurt/M. 1864.
Rez. in: Beitr. 4. 1865, S. 365–368.

RAUMER, R. V.: Gesammelte sprachwissenschaftliche Schriften. Frankfurt u. Erlangen 1863.
Rez. in: Beitr. 4. 1865, S. 242–247.

SCHLEICHER, A.: Zur Morphologie der Sprache. S.-Peterburg 1859.
Anz. in: Beitr. 2. 1861, S. 256/257.

SCHLEICHER, A.: Kratkij očerk doistoričeskoj žizni severo-vostočnogo otdela indogermanskich jazykov. S.-Peterburg 1865.
Anz. in: Beitr. 5. 1868, S. 125–127.

SCHLEIERMACHER, A. A. E.: Das harmonische oder allgemeine Alphabet zur Transkription fremder Schriftsysteme in lateinische Schrift. Darmstadt 1864.
Rez. in: Beitr. 4. 1865, S. 369–373.

SMITH, C. W.: Grammatik der polnischen Sprache. Berlin 1845.
Rez. in: ZöG. 2. 1851, S. 225–228.

SMITH, C. W.: De locis quibusdam grammaticae linguarum balticarum et slavonicarum. 1. 2. Havniae 1857.
Rez. in: Beitr. 1. 1858, S. 385–388. 496–498.

SOPHOKLES: Sofokleova Antigona, v metrickém překladu od Františka Šohaje. Praha 1851.
Rez. in: ZöG. 2. 1851, S. 723–727.

Spiegel, F.: Grammatik der altbaktrischen Sprache. Leipzig 1867.
Rez. in: Beitr. 5. 1868, S. 372–374.
Spiegel, F.: Die altpersischen Keilinschriften. Leipzig 1862.
Rez. in: Beitr. 4. 1865, S. 114–116.
Stokes, W.: Three Irish Glossaries. London 1862.
Rez. in: Beitr. 4. 1865, S. 248–251.
Šumavský, J. F.: Wörterbuch der slawischen Sprache. 1, 1. Prag 1857.
Rez. in: Beitr. 1. 1858, S. 377/378.
Vergilius, P. M.: Publ. Virgilia Marona spisy básnické. Přeložil Karel
Vinařický. Praha 1851.
Rez. in: ZöG. 3. 1852, S. 402–405.
Xenophon: Xenofon o správě obce Athénské ... přeložil, původním
textem ... opatřil F. R. Polehradský. Praha 1849.
Rez. in: ZöG. 1. 1850, S. 189–192.

III. Rédaction, édition et traduction

Beiträge zur vergleichenden Sprachforschung auf dem Gebiete der
arischen, keltischen und slavischen Sprachen. Hrsg. von Adalbert Kuhn
u. August Schleicher. Bd. 1–5.
Berlin 1858–1868.

Duonelaitis, Kristijon: Christian Donaleitis litauische Dichtungen.
Erste vollständige Ausgabe mit Glossar von A. Schleicher.
St. Petersburg 1865. 336 S.
Nachträgliche Bemerkungen. 1867. S. 337–344.

Anekdoty, jak se povídají v orientu. Z perského do českého jazyka
přeložil A. Š.
In: Lumír. Belletristický týdenník. Praha. 1. 1851, S. 11/12. 114/115.
Mahābhārata. Schleicher übersetzte – z. T. zusammen mit František
X. Šohaj – Teile dieses Sanskritepos zum ersten Mal ins Tschechische
u. d. Tit.: Potopá. In: ČČM. 25. 1851. Sv. 1, S. 117–120.
Nal a Damajantí. In: ČČM. 25. 1851, Sv. 1, S. 121–123. Sv. 2, S. 85–
101. Sv. 3, S. 62–84. Sv. 4, S. 62–93.
Śṛṅgāratilaka. Auszugsweise Übersetzung dieser erotischen Strophen-
sammlung des Sanskrit, die vielleicht Kālidāsa zugeschrieben werden
kann, ins Tschechische u. d. Tit.: Erotické epigrammy.
In: Lumír. Belletristický týdenník. Praha. 1. 1851, S. 169.

OUVRAGES DE SCHLEICHER
ACCESSIBLES A LA BIBLIOTHEQUE NATIONALE

Compendium der vergleichenden Grammatik der indogermanischen Sprachen, von August Schleicher. I. Kurzer Abriss einer Lautlehre der indogermanischen Ursprache, des Altindischen (Sanskrit), Alteranischen (Altbaktrischen), Altgriechischen, Altitalischen (Lateinischen, Unmbrischen, Oskischen), Altkeltischen (Altirischen), Altslawischen (Altbulgarischen), Litauischen und Altdeutschen (Gotischen)... - Weimar, H. Böhlau, 1861. In-8, IV-283 p.

Compendium der vergleichenden Grammatik der indogermanischen Sprachen. Kurzer Abriss einer Laut-und Formenlehre der indogermanischen Ursprache, der Altindischen, Alteranischen, Altgriechischen, Altitalischen, Altkeltischen, Altslawischen, Litauischen und Altdeutschen, von August Schleicher. 2... Auflage. - Weimar, H. Böhlau, 1866. In-8, XLVI-856 p.

- 1876. 4. Aufl. - Ibid. In-8, XLVIII-829 p.

- Une édition italienne, précédée d'une introduzione allo studio della scienza del linguaggio par Domenico Pezzi. - Torino et Firenze, E. Loescher, 1869. In-8, 11-LXXIX-600 p.

Die Darwinsche Theorie und die Sprachwissenschaft, offenes Sendschreiben an Herrn Dr. Ernst Häckel,... von Aug. Schleicher. - Weimar, H. Böhlau, 1863. In-8, 29 p.

- La Théorie de Darwin et la science du langage. De l'importance du langage pour l'histoire naturelle de l'homme, par A. Schleicher, traduit...par M. de Pommayrol. - Paris, A. Franck, 1868. In-8, VI-31 p. (Collection philologique, 1er fascicule.)

Die deutsche Sprache, von August Schleicher, 2...Auflage - Stuttgart, J. G. Cotta, 1869. In-8, XIV-348 p.

- 1874. 3. Aufl. - Ibid. In-8, X-348 p.

- 1879. 4. Aufl. - Ibid. In-8, X-348 p.

- 1888. 5. Aufl. - Ibid. In-8, X-348 p.

Die Formenlehre der kirchenslawischen Sprache erklärend und vergleichend dargestellt von Dr. Aug. Schleicher,... - Bonn, H. B. König, 1852. In-8, XXIII-376 p.

Handbuch der litauischen Sprache, von Aug. Schleicher. - Prag, J. G. Calve, 1856, 2 vol. In-8.
I. Grammatik.
II. Lesebuch und Glossar.

Indogermanische Chrestomathie. Schriftproben und Lesestücke mit erklärenden Glossaren zu August Schleichers Compendium der vergleichenden Grammatik der indogermanischen Sprachen, bearbeitet von H. Ebel, A. Leskien, Johannes Schmidt und August Schleicher. Nebst zusätzen und Berichtigungen zur 2. Auflage des Compendiums, herausgegeben von August Schleicher. - Weimar, H. Böhlau, 1869. In-8, V-378 p.

Un ouvrage en russe : Kratkij očerk doistoricěskoj žizni severo-vostočnogo otdela indogermanskich jazykov (Court essai sur l'existence pré-historique d'une branche Nord-Est des langues indo-germaniques. - St. Pétersbourg, l'Académie des sciences, 1865. In-8, 64 p.

Les Langues de l'Europe moderne, par A. Schleicher,...Traduit de l'allemand par Hermann Ewerbeck,... - Paris, Ladrange, 1852. In-8, VIII-319 p.

Laut-und Formenlehre der polabischen Sprache, von August Schleicher. (Herausgegeben von A. Leskien.) - St. Pétersbourg, commissionnaires de l'Académie, 1871. In-8, 48 p.

En russe : Mnenija o slovare slavjanskich narečij (Points de vue sur un dictionnaire des dialectes slaves) . - St. Pétersbourg, impr. de l'Académie des sciences, 1866. In-8, 48 p.

En russe : Skloniene osnov na -u- v slavjanskich jazykach (Fondements de la déclinaison en u dans les langues slaves). - St. Pétersbourg, l'Académie des sciences, 1867. In-8, 21 p.

En russe : Temy imen čislitel' nych (količestvennych i porjadočnych) v litvoslavjanskom i nemeckom jazykach (Thèmes des numéraux - cardinaux et ordinaux - en langue lituanienne slave et en allemand). - St. Pétersbourg, l'Académie des sciences, 1866. In-8, 69 p.

Uber die Bedeutung der Sprache für die Naturgeschichte des Menschen, von August Schleicher. - Weimar, H. Böhlau, 1865. In-8, 29 p.

Die Unterscheidung von Nomen und Verbum in der lautlichen Form, von August Schleicher. - Leipzig, S. Hirzel, 1865. In-8, 90 p.
(Abhandlung der philologisch-historischen Classe der königlich- sächsigen Gesellschaft der Wissenschaften. IV. (4).)

Volkstümmliches aus Sonneberg in Meininger Oberlande, von August Schleicher. - Weimar, H. Böhlau, 1858. In-8, XXV-158 p.

Vorwort. Voir SCHMIDT (Johann). Die Wurzel ak im Indogermanischen... - Weimar, 1865. In-8.

Zur Morphologie der Sprache, von August Schleicher,... - St. Pétersbourg, Eggers, 1859. In-4, 38 p. (Mémoires de l'Académie impériale des sciences de St.-Pétersbourg. T.I, n 7.)

Zur vergleichenden Sprachengeschichte, von August Schleicher. - Bonn, H. B. König, 1848. In-8, IX-166 p. (Sprachvergleichende Untersuchungen, von Dr. A. Schleicher. I.)

Ed. DONELAITIUS (Christianus). Litauische Dichtungen... 1... Ausgabe. - St. Pétersbourg, 1865. In-8.

Ed. Beiträge zur vergleichenden Sprachforschung auf dem Gebiete der arischen, celtischen und slawischen Sprachen, herausgegeben von A. Kuhn und A. Schleicher. 1. (-5.) Band. - Berlin, 1858-1868. 5 vol. In-8.

BIBLIOGRAPHIE SOMMAIRE

En dehors des textes sus-mentionnés de Schleicher, nous avons eu recours, pour l'essentiel, aux ouvrages suivants :

BLUMENBACH (JOHANN FRIEDRICH) : Decas I (-VI) collectionis suae cranio-rum diversarum gentium illustrata.— Gottingae, J. C. Dieterich, 1790, in-4.

— Handbuch der vergleichenden Anatomie.— Göttingen, H. Dieterich, 1805, in-8.

BOPP (FRANZ) : Grammaire comparée des langues indo-européennes, comprenant le sanscrit, le zend, l'arménien, le grec, le latin, le lithuanien, l'ancien slave, le gothique et l'allemand, par M. François Bopp. Traduite sur la deuxième édition et précédée d'une introduction par M. Michel Bréal.— Paris, Impr. impériale, 1866-1874, 5 vol., in-8.

CAMPER (PETRUS) : Oeuvres de Pierre Camper, qui ont pour objets l'histoire naturelle, la physiologie et l'anatomie comparée.— Paris, H.-J. Jansen, 1803, 3 vol., in-8.

CONDILLAC (ETIENNE BONNOT, Abbé de) : Essai sur l'origine des connaissances humaines, éd. de 1746.

DARWIN (CHARLES) : De l'origine des espèces.— Paris, Marabout-Université, 1975.

FISCHER (RUDOLF) : August Schleicher zur Erinnerung, mit einem Diskussions-beitrag von Joachim Müller, und einer Bibliographie von Joachim Dietze, Sit-zungsberichte der sächsischen Akademie der Wissenschaften zu Leipzig, philolo-gisch-historische Klasse, Band 107, Heft 5.— Académie de Berlin, 1962.

GUIGNES (Abbé JOSEPH de) : Mémoire dans lequel on prouve que les Chinois sont une colonie égyptienne. Avec un précis du Mémoire de M. l'abbé Barthélémy sur les lettres phéniciennes...— Paris, Desaint et Saillant, 1759, in-8.

HEGEL (GEORG WILHELM FRIEDRICH) : La Phénoménologie de l'esprit.— Paris, Aubier.

120

HERDER (JOHANN GOTTFRIED von) : Abhandlung über den Ursprung der Sprache, herausgegeben von Hans Dietrich Irmscher (texte établi d'après celui de l'édition Bernhard Suphan des Sämtlichen Werke Herders, Berlin, 1877-1913, 33 vol.).– Philipp Reclam Jun. Stuttgart, 1966.

– Von den Lebensaltern einer Sprache, texte de l'édition des Herders Sämtlichen Werke, Karlsruhe, im Büreau der deutschen Classiker, herausgegeben von Johann von Müller, 1820.

– Essai sur la philosophie de l'histoire de l'humanité; ouvrage traduit de l'allemand et précédé d'une introduction par Edgard Quinet.– Paris, F.-G. Levrault, 1827-1828, 3 vol., in-8.

HJELMSLEV (LOUIS) : Le langage.– Paris, Editions de Minuit, 1969.

HUMBOLDT (WILHELM von) : La recherche linguistique comparative dans son rapport aux différentes phases du développement du langage. Introduction à l'oeuvre sur le Kavi. Trad. Pierre Caussat.– Paris, Ed. du Seuil, 1974.

JACOB (ANDRE) : Genèse de la pensée linguistique (textes).– Paris, A. Colin,

JOYAUX (JULIA) : Le langage, cet inconnu.– Paris, S.G.P.P., Denoël, 1970.

LAMARCK (JEAN-BAPTISTE, P. A. de MONET de) : Philosophie zoologique.– Paris, éd. de 1873.

LYELL (CHARLES) : L'ancienneté de l'homme prouvée par la géologie et remarques sur les théories relatives à l'origine des espèces par variation, traduit avec le concours de l'auteur, par M. M. Chaper.– Paris, J.-B. Baillière et fils, 1864, in-8.

PLUCHE (Abbé NOEL ANTOINE) : Histoire du ciel considérée selon les idées des poètes, des philosophes et de Moïse.– A Paris chez la veuve Estienne, 1739, 2 vol.

SAPIR (EDWARD) : Language, dans Encyclopaedia of social sciences, New York, Mac Millan, 1937, repris dans «Linguistique», trad. Boltanski, Ed. de Minuit, Paris, 1968.

SAUSSURE (FERDINAND de) : Cours de linguistique générale, 5ème éd.– Paris, Payot, 1955.

SCHLEGEL (FRIEDRICH von) : Philosophie de l'histoire, professée en 18 leçons publiques à Vienne, ouvrage traduit de l'allemand en français par M. l'abbé Lechat,...– Paris, Parent-Desbarres, 1836, in-8.

— Essai sur la langue et la philosophie des Indiens, traduit de l'allemand de F. Schlegel,... par M. A. Mazure,...— Paris, Parent-Desbarres, 1837, in-8.

SCHLEGEL (AUGUST WILHELM von) : Observations sur la langue et la littérature provençales, dans Essais littéraires et historiques.— Bonn, E. Weber, 1842, in-8.

SCHLEIDEN (MATHIAS JACOB) : Ueber den Materialismus der neueren deutschen Naturwissenschaft, sein Wesen und seine Geschichte.— Leipzig, W. Engelmann, 1863, in-8.

SPENCER (HERBERT) : Les bases de la morale évolutionniste.— Paris, Baillière, 1880.

VOGT (CARL CHRISTOPH) : Leçons sur l'homme, sa place dans la création et dans l'histoire de la terre, trad. Moulinié.— Paris, C. Reinwald, 1865, in-8.

— Lettres physiologiques.— Paris, C. Reinwald, 1875, in-8.

WARBURTON (WILLIAM) : Essai sur les hiéroglyphes des Egyptiens, éd. Tort.— Paris, Aubier-Flammarion, 1978.

TABLE DES MATIERES

TABLE DES MATIERES

ACHEVÉ D'IMPRIMER
EN AVRIL 1980
PAR JOSEPH FLOCH
MAITRE-IMPRIMEUR
A MAYENNE
N° 7120